技工院校一体化课程教学改革电梯工程技术专业教材

电梯例行保养

人力资源社会保障部教材办公室组织编写

中国劳动社会保障出版社

内容简介

本书主要内容包括电梯机房检查、清洁与润滑，电梯井道检查、清洁与润滑，电梯轿厢、层站检查、清洁与润滑等。

图书在版编目（CIP）数据

电梯例行保养 / 人力资源社会保障部教材办公室组织编写. -- 北京：中国劳动社会保障出版社，2020

技工院校一体化课程教学改革电梯工程技术专业教材

ISBN 978-7-5167-4528-1

Ⅰ. ①电…　Ⅱ. ①人…　Ⅲ. ①电梯－保养－技工学校－教材　Ⅳ. ①TU857

中国版本图书馆 CIP 数据核字（2020）第 232256 号

中国劳动社会保障出版社出版发行

（北京市惠新东街 1 号　邮政编码：100029）

*

北京宏伟双华印刷有限公司印刷装订　　新华书店经销

787 毫米 ×1092 毫米　16 开本　15.75 印张　278 千字

2020 年 12 月第 1 版　　2020 年 12 月第 1 次印刷

定价：32.00 元

读者服务部电话：（010）64929211/84209101/64921644

营销中心电话：（010）64962347

出版社网址：http：//www.class.com.cn

http：//jg.class.com.cn

技工院校一体化课程教学改革教材编委会名单

编审人员

主　编：罗　飞

副主编：孙文涛　潘典旺

参　编：闫莉丽　陶丽芝　李　婵　陈　丹　耿志伟

主　审：籍东晓

序

习近平总书记指示：“职业教育是国民教育体系和人力资源开发的重要组成部分，是广大青年打开通往成功成才大门的重要途径，肩负着培养多样化人才、传承技术技能、促进就业创业的重要职责，必须高度重视、加快发展。”技工教育是职业教育的重要组成部分，是系统培养技能人才的重要途径。多年来，技工院校始终紧紧围绕国家经济发展和劳动者就业，以满足经济发展和企业对技术工人的需求为办学宗旨，既注重包括专业技能在内的综合职业能力的培养，也强调精益求精的工匠精神的培育，为国家培养了大批生产一线技能劳动者和后备高技能人才。

随着加快转变经济发展方式、推进经济结构调整以及大力发展高端制造业等新兴战略性产业，迫切需要加快培养一批具有高超技艺的技能人才。为了进一步发挥技工院校在技能人才培养中的基础作用，切实提高培养质量，从 2009 年开始，我部借鉴国内外职业教育先进经验，在全国 200 余所技工院校先后启动了三批共计 32 个专业（课程）的一体化课程教学改革试点工作，推进以职业活动为导向，以校企合作为基础，以综合职业能力培养为核心，理论教学与技能操作融会贯通的一体化课程教学改革。这项改革试点将传统的以学历为基础的职业教育转变为以职业技能为基础的职业能力教育，促进了职业教育从知识教育向能力培养转变，努力实现“教、学、做”融为一体，收到了积极成效。改革试点得到了学校师生的充分认可，普遍反映一体化课程教学改革是技工院校一次“教学革命”，学生的学习热情、综合素质和教学组织形式、教学手段都发生了根本性变化。试点的成果表明，一体化课程教学改革是转变技能人才培养模式的重要抓手，是推动技工院校改革发展的重要举措，也是人力资源社会保障部门加强技工教育和职业培训工作的一个重点项目。

教学改革的成果最终要以教材为载体进行体现和传播。根据我部推进一体化课程教学改革的要求，一体化课程教学改革专家、几百位试点院校的骨干教师以及中国人力资源和社会保障出版集团的编辑团队，组织实施了一体化课程教学改革试点，并将试点中形成的课程成果进行了整理、提炼，汇编成教材。第一批试点专业教材2012年正式出版后，得到了院校的认可，我们于2019年启动了第一批试点专业教材的修订工作，将于2020年出版。同时，第二批、第三批试点专业教材经过试用、修改完善，也将陆续正式出版。希望全国技工院校将一体化课程教学改革作为创新人才培养模式、提高人才培养质量的重要抓手，进一步推动教学改革，促进内涵发展，提升办学质量，为加快培养合格的技能人才做出新的更大贡献！

技工院校一体化课程教学改革

教材编委会

2020年5月

目　　录

学习任务一　电梯机房检查、清洁与润滑

学习目标

1. 能明确工作任务，准确填写电梯机房保养相关表单、记录。

2. 能描述电梯、机房、曳引机、控制柜及相关设备的定义、分类、结构、组成和作用。

3. 能描述电梯曳引系统的组成、作用。

4. 能描述对重平衡原理。

5. 能描述电梯机房保养工具的功能，并能正确使用。

6. 熟悉电梯安全技术人员安全基本规程、电梯机房作业安全规程和电梯安全标识，并能在工作中遵守、执行、应用。

7. 能根据任务要求设置机房保养前的电梯，完成曳引机、控制柜及相关设备的检查、清洁与润滑。

8. 能完成电梯紧急救援。

9. 能正确填写相关技术文件，完成电梯机房检查、清洁与润滑的技术总结。

建议学时

56 学时

工作情境描述

某小区设有一台 TKJ 1000/1.75–JXW 型 2∶1 有机房乘客电梯，按照该小区物业与电梯维保公司合同要求，需要对该电梯机房开展例行保养，包括曳引机例行保养、控制柜及相

关设备例行保养和电梯紧急救援演练。维保组长向电梯保养工作人员下发本月的电梯保养计划表和电梯保养单，电梯保养工作人员需根据计划表确定本次电梯机房例行保养任务，按照电梯维保手册和相关标准要求，在4小时内完成该电梯机房例行保养，确保电梯机房设备和零部件达到安全性能和预期功能，并填写相关电梯保养单。

工作流程与活动

学习活动1 明确工作任务（2学时）

学习活动2 例行保养前的准备（4学时）

学习活动3 例行保养实施（44学时）

学习活动4 工作总结与评价（6学时）

学习活动 1　明确工作任务

学习目标

1. 能明确工作地点、工作时间和工作内容等要求，并准确填写电梯机房保养相关表单、记录。

2. 能描述电梯的定义及分类。

3. 能描述电梯型号的具体含义。

建议学时　2 学时

学习过程

一、明确工作任务

电梯保养（elevator maintenance）是指维保单位依据各附件的要求，按照安装使用维护说明书的规定，并且根据所保养电梯使用的特点，制定合理的维保计划与方案，对电梯进行检查、清洁与润滑，更换不符合要求的易损件，使电梯达到安全要求，保证电梯能够正常运行。电梯保养一般分为半月保养、季度保养、半年保养和年度保养，本课程所涉及的保养主要针对的是半月保养和季度保养。

根据企业工作流程要求，查阅电梯保养计划表（表 1–1–1）和电梯保养单（表 1–1–2），对电梯机房保养信息进行归类、分析和整理，并填写电梯机房保养信息表（表 1–1–3）。

表 1-1-1

电梯保养计划表

20×× 年 3 月电梯保养月计划表

保养人：李成功　张为			保养日期																														
序号	地点	梯号	1	2	3	4	5	6	7	8	9	10	11	12	13	14	15	16	17	18	19	20	21	22	23	24	25	26	27	28	29	30	31
			五	六	日	一	二	三	四	五	六	日	一	二	三	四	五	六	日	一	二	三	四	五	六	日	一	二	三	四	五	六	日
1	建设花园	KT1- 机房	√										√								√								√				
2	建设花园	KT1- 井道	√										√								√								√				
3	建设花园	KT1- 轿厢与层站				√								√								√								√			
4	建设花园	KT2- 机房				√								√								√								√			
5	建设花园	KT2- 井道					√								√								√								√		
6	建设花园	KT2- 轿厢与层站					√								√								√								√		
7	建设花园	KT3- 机房						√								√								√									
8	建设花园	KT3- 井道						√								√								√									
9	建设花园	KT3- 轿厢与层站							√								√										√						
10	建设花园	KT4- 机房							√								√										√						
11	建设花园	KT4- 井道								√										√								√					
12	建设花园	KT4- 轿厢与层站								√										√								√					
备注	电梯保养情况：半月保养																																
	电梯年检情况：20×× 年 12 月年检																																

表 1-1-2

电梯保养单

××电梯公司乘客电梯载货电梯维护保养工作记录

用户	建设花园	地址	地址	××市××区人民路10号	
联系人	王东	电话	1352355××××	电梯型号	TKJ 1000/1.75-JXW
梯号	KT1	保养日期		保养单号	BE2020-JS-KT1-0501
保养人	李成功　张为	层站数	15		

电梯维保项目及其记录

序号	维保项目（内容）	机房	井道	轿厢与层站	情况	备注	序号	维保项目（内容）	机房	井道	轿厢与层站	情况	备注
A1-1	机房、滑轮间环境	√					A1-26	底坑环境		√			
A1-2	手动紧急操作装置	√					A1-27	底坑急停开关		√			
A1-3	曳引机	√					A2-1	减速机润滑油	√				
A1-4	制动器各销轴部位	√					A2-2	制动衬	√				
A1-5	制动器间隙	√					A2-3	曳引轮槽、曳引钢丝绳	√				
A1-6	限速器各销轴部位	√					A2-4	限速器轮槽、限速器钢丝绳	√				
A1-7	轿顶			√			A2-5	靴衬或滚轮			√		
A1-8	轿顶检修开关、急停开关			√			A2-6	验证轿门关闭的电气安全装置			√		
A1-9	导靴上油杯			√			A2-7	层门、轿门系统中的传动钢丝绳、链条、胶带		√	√		
A1-10	对重块及其压板			√			A2-8	层门门导靴		√			
A1-11	井道照明		√				A2-9	消防开关			√		
A1-12	轿厢照明、风扇、应急照明			√			A2-10	缓冲器		√			
A1-13	轿厢检修开关、急停开关			√			A2-11	限速器张紧轮装置和电气安全装置		√			

续表

序号	维保项目（内容）	机房	井道	轿厢与层站	情况	备注	序号	维保项目（内容）	机房	井道	轿厢与层站	情况	备注
A1-14	轿内报警装置、对讲系统（五方通话）			√			A3-1	电动机与减速机联轴器螺栓	√				
A1-15	轿内显示、指令按钮			√			A3-2	曳引轮、导向轮轴承部	√				
A1-16	轿门安全装置（安全触板和光幕、光电等）			√			A3-3	制动器上检测开关	√				
A1-17	轿门门锁电气触点			√			A3-4	控制柜内各接线端子	√				
A1-18	轿门运行			√			A3-5	井道、对重、轿顶各反绳轮轴承部		√			
A1-19	轿厢平层精度			√			A3-6	曳引绳、补偿绳	√				
A1-20	层站召唤、层楼显示			√			A3-7	曳引绳绳头组合	√				
A1-21	层门地坎		√				A3-8	限速器钢丝绳		√			
A1-22	层门自动关门装置		√				A3-9	层门、轿门门扇		√	√		
A1-23	层门门锁自动复位		√				A3-10	对重缓冲距		√			
A1-24	层门门锁电气触点		√				A3-11	补偿链（绳）与轿厢、对重接合处		√			
A1-25	层门锁紧元件啮合长度		√				A3-12	上下极限开关		√			
用户评价	□好 □较好 □一般 □差												
用户评语							用户签字： 年 月 日						
组长评价	□好 □较好 □一般 □差												
组评语							组长签字： 年 月 日						

表 1-1-3　电梯机房保养信息表

<table>
<tr><td colspan="4">一、工作人员信息</td></tr>
<tr><td>保养人</td><td></td><td>时间</td><td></td></tr>
<tr><td colspan="4">二、电梯基本信息</td></tr>
<tr><td>电梯代号</td><td>KT1</td><td>电梯型号</td><td></td></tr>
<tr><td>用户单位</td><td></td><td>用户地址</td><td>×× 市 ×× 区人民路 10 号</td></tr>
<tr><td>联系人</td><td></td><td>联系电话</td><td></td></tr>
<tr><td colspan="4">三、工作内容</td></tr>
<tr><td>序号</td><td>保养项目</td><td>序号</td><td>保养项目</td></tr>
<tr><td>1</td><td>机房、滑轮间环境</td><td>16</td><td></td></tr>
<tr><td>2</td><td>手动紧急操作装置</td><td>17</td><td>曳引绳绳头组合</td></tr>
<tr><td>3</td><td></td><td>18</td><td></td></tr>
<tr><td>4</td><td>制动器各销轴部位</td><td>19</td><td></td></tr>
<tr><td>5</td><td>制动器间隙</td><td>20</td><td></td></tr>
<tr><td>6</td><td></td><td>21</td><td></td></tr>
<tr><td>7</td><td></td><td>22</td><td></td></tr>
<tr><td>8</td><td></td><td>23</td><td></td></tr>
<tr><td>9</td><td></td><td>24</td><td></td></tr>
<tr><td>10</td><td>限速器轮槽、限速器钢丝绳</td><td>25</td><td></td></tr>
<tr><td>11</td><td>电动机与减速机联轴器螺栓</td><td>26</td><td></td></tr>
<tr><td>12</td><td></td><td>27</td><td></td></tr>
<tr><td>13</td><td></td><td>28</td><td></td></tr>
<tr><td>14</td><td></td><td>29</td><td></td></tr>
<tr><td>15</td><td>控制柜内各接线端子</td><td>30</td><td></td></tr>
</table>

二、认识电梯

1．生活中有哪些电梯?

2．如何保证电梯正常运行？

3．简述电梯的定义。

4．认识电梯的分类

按照不同的分类方法，常见的电梯有多种，按对应的分类方法，将“齿轮齿条电梯、直流电梯、有机房电梯、医用电梯、超高速电梯、高速电梯、乘客电梯、快速电梯、载货电梯、客货电梯、杂物电梯、低速电梯、液压电梯、交流电梯、无机房电梯、自动人行道”填到相应的分类中。

（1）按用途分：

（2）按速度分：

（3）按驱动方式分：

（4）按机房布置方式分：

（5）写出表 1–1–4 中电梯外观图片对应的名称。

表 1–1–4　　电梯外观及其名称

图示	名称	图示	名称
	乘客电梯		
	客货电梯		

续表

图示	名称	图示	名称

5．认识电梯的型号

（1）TKJ 1000/1.75-JXW 中，T 表示________；K 表示________；J 表示________；1000 表示额定载荷为________kg；1.75 表示电梯的额定速度为________；JXW 表示________。

（2）参照前面示例，写出以下电梯型号的具体含义。

THJ 800/0.5-QK：

TBJ 2000/1.6-XH：

学习活动 2　例行保养前的准备

学习目标

1. 能描述电梯与电梯机房的结构及相关术语。
2. 能填写电梯机房保养安排表。
3. 能编制电梯机房保养沟通信息表。

建议学时　4 学时

学习过程

一、认识电梯机房

根据电梯保养单的要点，依据机械制图和电梯相关国家标准的要求，查阅电梯维保手册的电梯结构示意图，查看实训电梯外观，描述电梯的结构、组成和各部件的作用。

1．电梯的组成

电梯主要由轿厢、层站、井道和机房组成。查阅资料并根据对现场实物电梯的分析，将表 1–2–1 补充完整。

2．电梯机房

电梯机房（machine room）是安装一台或多台电梯驱动主机及其附属设备的专用房间。

电梯机房示意图如图 1–2–1 所示。电梯机房是电梯的动力和控制中心，主要由限速器、曳引机、导向轮、控制柜和电源箱组成。查阅资料，将表 1–2–2 补充完整。

3．机房设备

常见的机房设备有盘车装置、通风装置、导向轮、控制柜、电源箱、限速器、灭火器、曳引机、绳头组合（一般用于 2∶1 有机房电梯）、温度计等。观察表 1–2–3 中的设备外观，填写设备名称。

表 1-2-1 电梯的结构

电梯结构示意图	图中位置	名称	零部件及作用
	A	机房	机房主要由曳引机、控制柜、限速器等组成，实现对电梯的控制、驱动和超速检测等
	B		
	C		

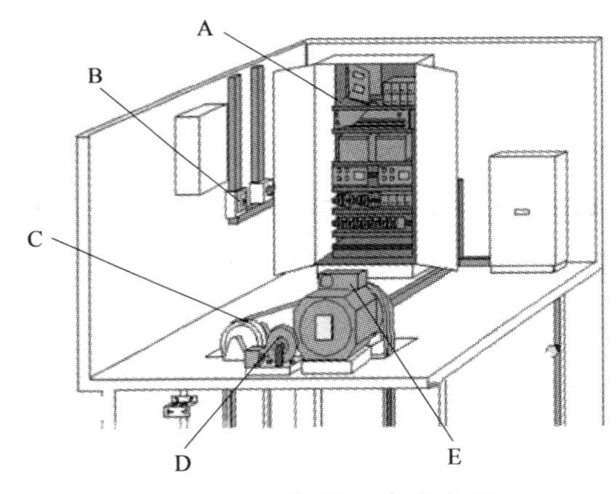

图 1-2-1 电梯机房示意图

表 1-2-2 电梯机房的结构

图中位置	名称	零部件及作用
A		
B	电源箱	电源箱包含主电源开关、轿厢照明开关、井道照明开关、插座开关和插座等，是控制柜、照明、插座的控制设备
C		

续表

图中位置	名称	零部件及作用
D		
E		

表 1–2–3　　常见的机房设备外观及其名称

设备外观	设备名称	设备外观	设备名称

二、填写电梯机房保养安排表

根据电梯机房保养任务要求，查阅电梯保养资料（电梯维保手册）、电梯保养单、相关国家标准和规则的要求，对上述资料进行分析、总结，整理电梯基本信息（电梯参数、物业信息、工作时间、实施人员）、保养内容（保养项目、技术参数）和材料清单，填写电梯机房保养安排表（表 1–2–4）。

表 1-2-4 电梯机房保养安排表

一、工作人员信息

保养人		时间	

二、电梯基本信息

电梯代号	KT1	电梯型号	
用户单位		用户地址	×× 市 ×× 区人民路 10 号
联系人		联系电话	

三、工作对象及技术要求

序号	工作对象	技术要求
1	机房、滑轮间环境	清洁，门窗完好、照明正常
2	手动紧急操作装置	齐全，在指定位置
3	驱动主机（曳引机）	运行时无异常振动和异常声响
4	制动器各销轴部位	润滑，动作灵活
5	制动器间隙	打开时制动衬与制动轮不应发生摩擦
6	限速器各销轴部位	润滑，转动灵活；电气开关正常
7	减速机润滑油	油量适宜，除蜗杆伸出端外均无渗漏
8	制动衬	清洁，磨损量不超过制造单位要求
9	曳引轮槽、曳引钢丝绳	清洁，无严重油腻，张力均匀
10	限速器轮槽、限速器钢丝绳	清洁，无严重油腻
11	电动机与减速机联轴器螺栓	无松动
12	曳引轮、导向轮轴承部	无异常声响，无振动，润滑良好
13	制动器上检测开关	工作正常，制动器动作可靠
14	控制柜内各接线端子	各接线紧固、整齐，线号齐全清晰
15	曳引绳绳头组合	螺母无松动

四、物料要求

序号	物料名称	数量	规格	备注
1	安全帽	1		
2	工作服	1		
3	安全鞋	1		
4	安全带	1		
5	三角钥匙	1		

续表

序号	物料名称	数量	规格	备注
6	顶门器	1		
7	十字旋具	1		
8	一字旋具	1		
9	活动扳手	1		
10	塞尺	1		
11	线坠（线锤）	1		
12	卷尺	1		
13	直尺（钢尺）	1		
14	角尺	1		
15	万用表	1		
16	钳形电流表	1		
17	绝缘电阻表	1		
18	红外温度仪	1		
19	刷子	2		
20	扭力扳手	1		
21	安全护栏	2		

五、人员实施进度安排

序号	任务	预计完成时间	参与人	负责人
1	明确任务		全体	
2	认识电梯		全体	
3	认识电梯机房		全体	
4	填写电梯机房保养安排		全体	
5	编制电梯机房保养沟通信息表		全体	
6	准备机房保养		全体	
7	实施曳引机保养		全体	
8	实施控制柜及相关设备保养		全体	
9	实施电梯紧急救援演练		全体	
10	实施电梯复位		全体	
11	验收评价		全体	
12	拓展学习	课后	全体	

三、编制电梯机房保养沟通信息表

根据保养工作流程要求，查看电梯机房保养的要求，对相关信息进行分析、整理，就保养电梯名称、工作时间、保养内容、实施人员和需要物业配合的内容等制定沟通事项，编制电梯机房保养沟通信息表（表 1-2-5），并向物业管理人员告知电梯机房保养任务，保证电梯机房保养工作顺利开展。

表 1-2-5　　电梯机房保养沟通信息表

<table>
<tr><td colspan="4">一、基本信息</td></tr>
<tr><td>用户单位</td><td>建设花园</td><td>用户地址</td><td>××市××区人民路 10 号</td></tr>
<tr><td>联系人</td><td>王东</td><td>联系电话</td><td>1352355××××</td></tr>
<tr><td>沟通形式</td><td colspan="3">□电话　□面谈　□电子邮件　□传真</td></tr>
<tr><td colspan="4">二、沟通内容</td></tr>
<tr><td>电梯型号</td><td></td><td>工作时间</td><td>20××年3月1日上午 10:00–12:00，下午 14:00–16:00</td></tr>
<tr><td>工作内容</td><td colspan="3">1. 电梯曳引机例行保养；
2. 电梯控制柜及相关设备例行保养；
3. 电梯紧急救援演练</td></tr>
<tr><td>配合内容</td><td colspan="3">1. 电梯曳引机例行保养
（1）时间：上午 10:00–11:00
（2）人员：物业工作人员 1 人
（3）物料：机房钥匙、护栏

2. 电梯控制柜及相关设备例行保养

3. 电梯紧急救援演练</td></tr>
</table>

学习活动 3　例行保养实施

学习目标

1. 能复述电梯机房保养的安全注意事项。

2. 能描述曳引机、限速器、控制柜和机房相关设备的种类、结构、功能。

3. 能根据工作任务中的清单准备工具及材料，能描述机房保养工具的功能并正确操作。

4. 能描述电梯紧急救援机制的种类、方法和要求。

5. 能完成机房保养前的设置。

6. 能完成曳引机、控制柜及相关设备的检查、清洁、润滑。

7. 能完成电梯紧急救援。

8. 能按要求规范填写机房保养单。

建议学时　44 学时

学习过程

一、填写电梯机房保养物料单

根据保养工作流程要求，查看电梯机房保养安排物料清单的内容，查看、核对物料的项目、数量和型号，填写电梯机房保养物料单（表 1–3–1），为物料领取提供凭证。

表 1-3-1 电梯机房保养物料单

保养人		时间	20××年3月1日			
用户单位	建设花园	用户地址	××市××区人民路10号			
序号	物料名称	数量	规格	领取	归还	归还检查
1	安全帽	1				□完好 □损坏
2	工作服	1				□完好 □损坏
3	安全鞋	1				□完好 □损坏
4	安全带	1				□完好 □损坏
5	三角钥匙	1				□完好 □损坏
6	顶门器	1				□完好 □损坏
7	十字旋具	1				□完好 □损坏
8	一字旋具	1				□完好 □损坏
9	活动扳手	1				□完好 □损坏
10	塞尺	1	13片			□完好 □损坏
11	线坠（线锤）	1	6 m			□完好 □损坏
12	卷尺	1	5 m			□完好 □损坏
13	直尺（钢尺）	1	300 mm			□完好 □损坏
14	角尺	1	200 mm			□完好 □损坏
15	万用表	1				□完好 □损坏
16	钳形电流表	1				□完好 □损坏
17	绝缘电阻表	1				□完好 □损坏
18	红外温度仪	1				□完好 □损坏
19	刷子	2				□完好 □损坏
20	扭力扳手	1	40 ~ 280 N·m			□完好 □损坏
21	安全护栏	2	带标识的安全护栏			□完好 □损坏
保养人员发放签字： 年 月 日				发放人员归还签字： 年 月 日		

二、检查电梯机房保养物料

根据保养工作流程要求，查看电梯机房保养物料单的内容，与电梯保养物料备货处工作人员进行沟通，领取相关物料（工具、材料和仪器），在教师指导下，了解相关工具和仪器的使用方法，检查工具、仪器是否能正常使用，选择合适的材料，填写电梯机房保养物料检查记录。

1．认识机房保养物料

（1）塞尺

1）塞尺的概念

塞尺（filler gauge）是一种检验间隙用的薄片式量具，由具有准确厚度尺寸的单片或成组的薄片组成，又称测微片或厚薄规。塞尺的外形有 A 型、B 型两种。写出图 1-3-1 和图 1-3-2 所示塞尺的正确名称。

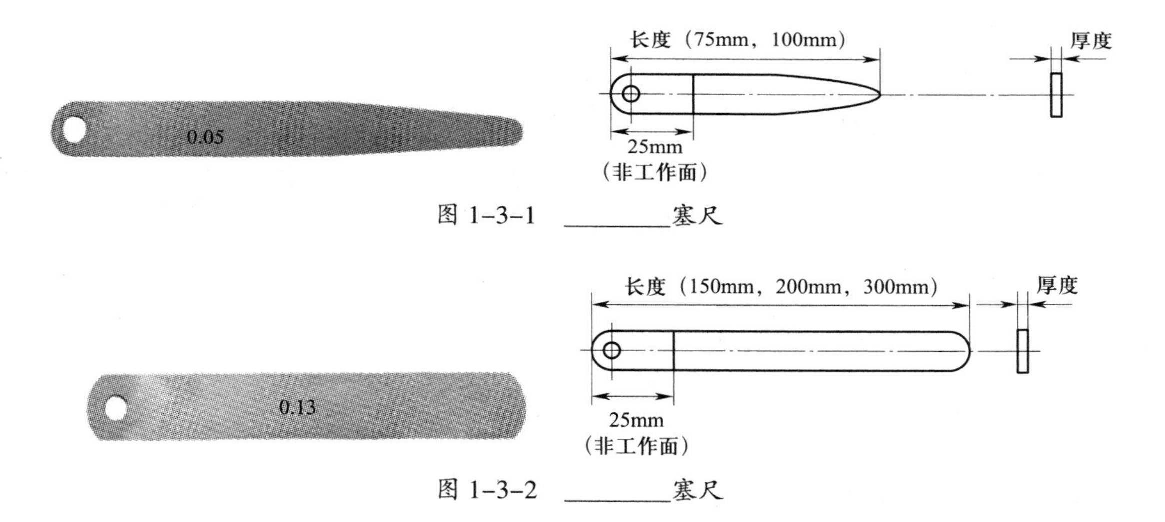

图 1-3-1　________塞尺

图 1-3-2　________塞尺

塞尺主要用于检查如电梯制动器制动衬（瓦）与制动轮、电梯滑动导靴与导轨、电梯层门偏心轮与层门导轨、汽车活塞与汽缸、齿轮啮合等两个接合面之间的间隙。

塞尺主要由连接件、塞尺片、保护板组成（图 1-3-3），在表 1-3-2 中将各部分的名称和作用补充完整。

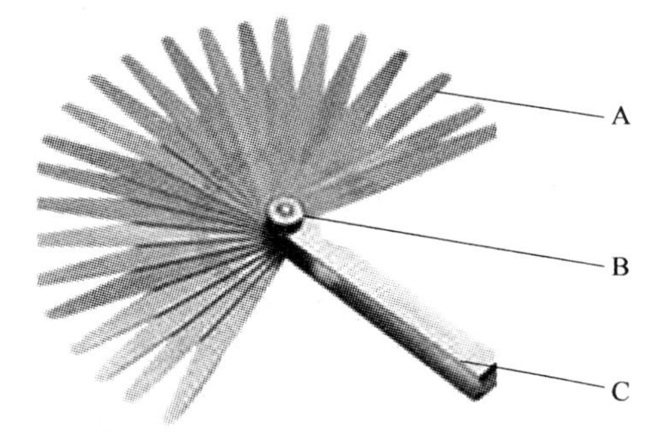

图 1-3-3　塞尺的结构

表 1-3-2　　　　塞尺的结构组成及作用

位置	名称	作用
A		
B	连接件	用于调节塞尺片的固定
C	保护板	用于存放塞尺片

2）塞尺的使用

①打开塞尺，观察塞尺片表面是否有生锈、有异物、折弯、损坏、文字不清晰等情况，并采用与之相适应的处理方法（表 1-3-3）。

表 1-3-3　　　　塞尺片表面的现象及处理方法

图示	现象	处理方法
	生锈、有异物	除锈和清洁
	折弯或损坏	去除（更换）损坏的塞尺片
	表面的文字不清晰	去除（更换）不清晰的塞尺片

②根据间隙的情况，选用相适应的塞尺片进行测量。测量过程如图 1-3-4 所示。

③测量完毕后，喷少量防锈油（图 1-3-5）再装入盒内。

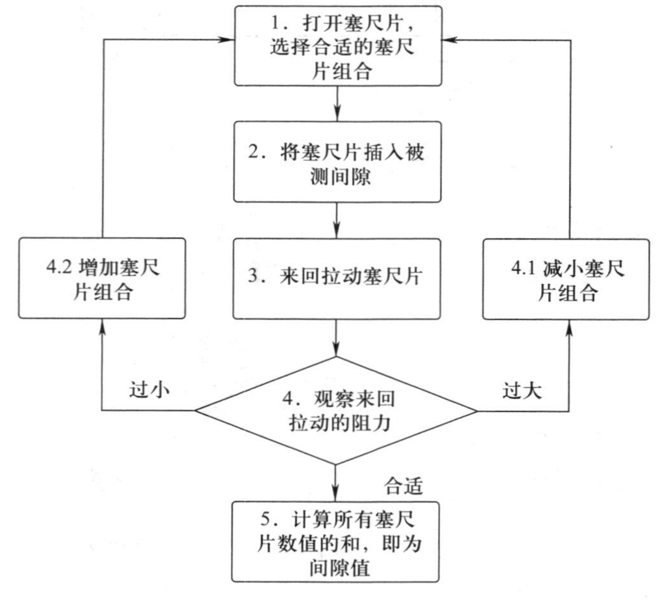

图 1-3-4　测量过程示意图

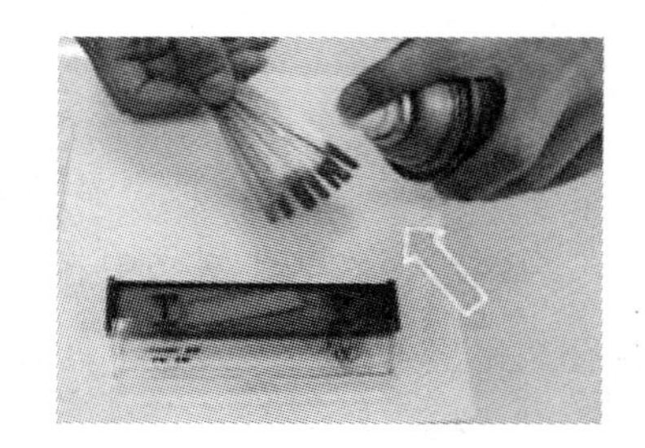

图 1-3-5　喷少量防锈油

3）塞尺的测量

某测量的间隙如图 1–3–6 所示，测量中使用了 0.2 mm 和 0.05 mm 的塞尺片，测量的间隙值 D 应为________。

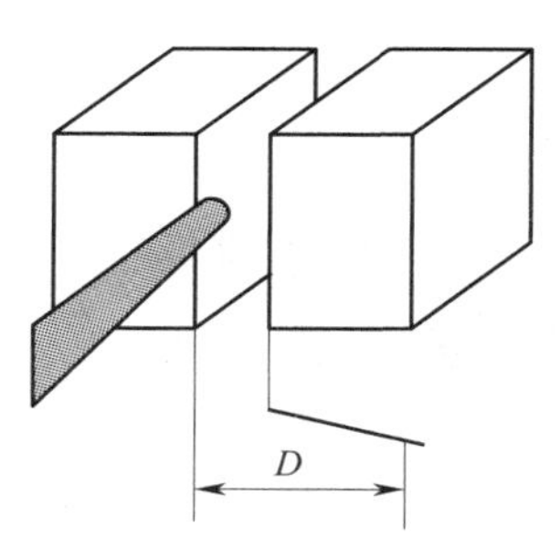

图 1–3–6　测量间隙

（2）螺纹连接件（screw）

1）螺纹连接件的类型

常见的螺纹连接件包含螺母、垫圈（片）、螺钉、螺栓等，如图 1–3–7 所示，将图片对应的正确名称写在对应图片下方。

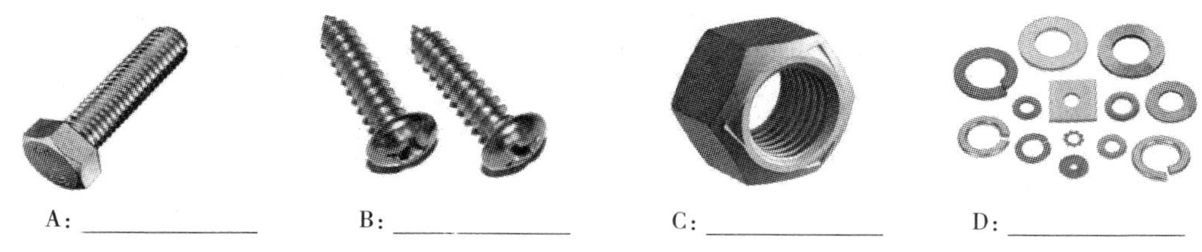

图 1–3–7　常见的螺纹连接件

2）螺纹连接件的性能

螺钉、螺栓与螺柱的力学性能见表 1–3–4。螺栓有 10 余个性能等级，8.8 级及以上螺栓材质为低碳合金钢或中碳钢并经热处理（淬火、回火），通称为高强度螺栓，其余通称为普通螺栓。一般螺栓上都有等级标识，如图 1–3–8 所示。根据图 1–3–8 将表 1–3–5 补充完整，并回答后面的问题。

表 1–3–4　　螺钉、螺栓与螺柱的力学性能

分项条号	力学性能		性能等级										
			3.6	4.6	4.8	5.6	5.8	6.8	8.8 $d \leq$ 16 mm	8.8 $d >$ 16 mm	9.8	10.9	12.9
1	公称抗拉强度 $\sigma_{b公称}$，N/mm^2		300	400		500		600	800	800	900	1 000	1 200
2	最小抗拉强度 $\sigma_{b\,min}$，N/mm^2		330	400	420	500	520	600	800	830	900	1 040	1 220
3	维氏硬度 HV $F \geq 98$ N	min	95	120	130	155	160	190	250	255	290	320	385
		max	220					250	320	335	360	380	435
4	布氏硬度 HB $F=30\,D^2$	min	90	114	124	147	152	181	238	242	276	304	366
		max	209					238	304	318	342	361	414

续表

<table>
<tr><th rowspan="3">分项条号</th><th rowspan="3" colspan="3">力学性能</th><th colspan="11">性能等级</th></tr>
<tr><th rowspan="2">3.6</th><th rowspan="2">4.6</th><th rowspan="2">4.8</th><th rowspan="2">5.6</th><th rowspan="2">5.8</th><th rowspan="2">6.8</th><th colspan="2">8.8</th><th rowspan="2">9.8</th><th rowspan="2">10.9</th><th rowspan="2">12.9</th></tr>
<tr><th>$d \leqslant$ 16 mm</th><th>$d >$ 16 mm</th></tr>
<tr><td rowspan="4">5</td><td rowspan="4">洛氏硬度 HR</td><td rowspan="2">min</td><td>HRB</td><td>52</td><td>67</td><td>71</td><td>79</td><td>82</td><td>89</td><td>—</td><td>—</td><td>—</td><td>—</td><td>—</td></tr>
<tr><td>HRC</td><td>—</td><td>—</td><td>—</td><td>—</td><td>—</td><td>—</td><td>22</td><td>23</td><td>28</td><td>32</td><td>39</td></tr>
<tr><td rowspan="2">max</td><td>HRB</td><td colspan="5">95.0</td><td>99.5</td><td>—</td><td>—</td><td>—</td><td>—</td><td>—</td></tr>
<tr><td>HRC</td><td colspan="5">—</td><td>—</td><td>32</td><td>34</td><td>37</td><td>39</td><td>44</td></tr>
<tr><td>6</td><td colspan="2">表面硬度 HV 0.3</td><td>max</td><td colspan="6">—</td><td colspan="5">—</td></tr>
<tr><td rowspan="2">7</td><td rowspan="2" colspan="2">屈服点 σ_b，N/mm^2</td><td>公称</td><td>180</td><td>240</td><td>320</td><td>300</td><td>400</td><td>480</td><td>—</td><td>—</td><td>—</td><td>—</td><td>—</td></tr>
<tr><td>min</td><td>190</td><td>240</td><td>340</td><td>300</td><td>420</td><td>480</td><td>—</td><td>—</td><td>—</td><td>—</td><td>—</td></tr>
<tr><td rowspan="2">8</td><td rowspan="2" colspan="2">规定非比例伸长应力 $\sigma_{p0.2}$，N/mm^2</td><td>公称</td><td colspan="5">—</td><td>—</td><td>640</td><td>640</td><td>720</td><td>900</td><td>1 080</td></tr>
<tr><td>min</td><td colspan="5">—</td><td>—</td><td>640</td><td>660</td><td>720</td><td>940</td><td>1 100</td></tr>
<tr><td rowspan="2">9</td><td rowspan="2">保证应力</td><td colspan="2">S_p/σ_a 或 $S_p/\sigma_{p0.2}$</td><td>0.94</td><td>0.94</td><td>0.91</td><td>0.93</td><td>0.90</td><td>0.92</td><td>0.91</td><td>0.91</td><td>0.90</td><td>0.88</td><td>0.88</td></tr>
<tr><td colspan="2">S_p，N/mm^2</td><td>180</td><td>225</td><td>310</td><td>280</td><td>380</td><td>440</td><td>580</td><td>600</td><td>650</td><td>830</td><td>970</td></tr>
</table>

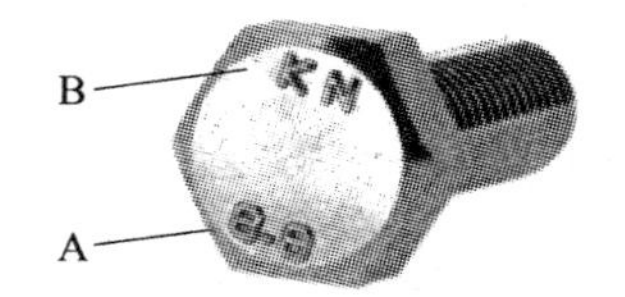

图 1-3-8　螺栓的性能等级

表 1-3-5　螺栓的性能等级含义

序号	位置	含义
1	A	
2	B	

某螺栓性能等级为 4.6 级，其含义是什么？某螺栓性能等级为 8.8 级，其含义是什么？

3）螺栓和螺母的扭矩

结合图 1–3–9，查阅资料，写出力矩的概念和计算公式。

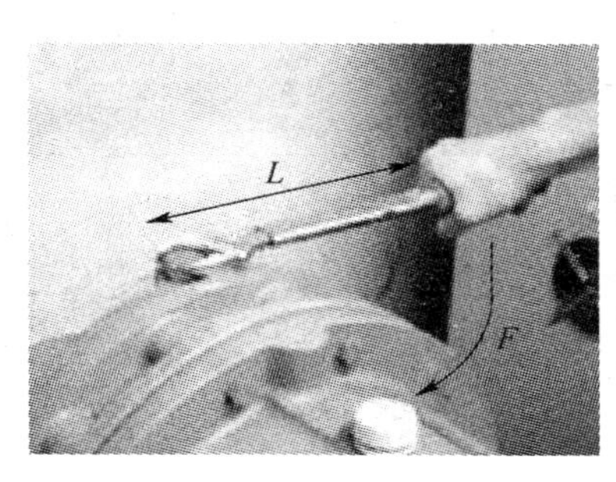

L——力的作用半径，m

F——力的大小，N

M——力矩，N·m

图 1–3–9　力矩

预紧力是在螺栓连接中，受到工作载荷之前，为了增强连接的可靠性和紧密性，以防止受到载荷后连接件间出现缝隙或者相对滑移而预先加的力。预紧力在使用中常用力矩来描述，即预紧力矩。螺纹连接预紧力矩如图 1–3–10 所示，查阅资料，写出预紧力矩的计算公式。

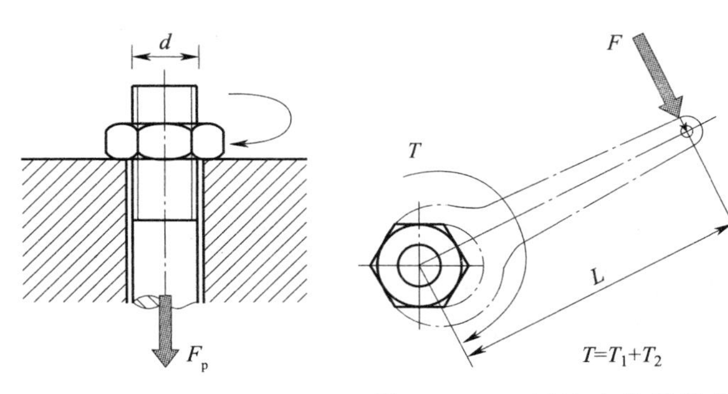

F_p——预紧力，N

d——螺母公称直径，m

F——扳手力，N

L——力臂长度，m

T——预紧力矩，N·m

T_1——螺旋副摩擦阻力矩，N·m

T_2——螺母和支承面上的摩擦阻力矩，N·m

图 1–3–10　螺纹连接预紧力矩

通过查表 1–3–6，写出表 1–3–7 中螺栓或螺母的扭矩值。

表 1–3–6 螺纹连接的扭矩

强度区分		4.8		6.8		8.8		10.9		12.9	
最小破断强度		392 MPa		588 MPa		784 MPa		941 MPa		1 176 MPa	
材质		一般构造用钢		机械构造用钢		铬铝合金钢		铬铝合金钢		铬铝合金钢	
螺栓	螺母对边	扭矩值		扭矩值		扭矩值		扭矩值		扭矩值	
	mm	kg · m*	N · m	kg · m	N · m	kg · m	N · m	kg · m	N · m	kg · m	N · m
M14	22	7	69	10	98	14	137	17	165	23	225
M16	24	10	98	14	137	21	206	25	247	36	353
M18	27	14	137	21	206	29	284	35	341	49	480
M20	30	18	176	28	296	41	402	58	569	69	676
M22	32	23	225	34	333	55	539	78	765	93	911
M24	36	32	314	48	470	70	686	100	981	120	1 176
M27	41	45	441	65	637	105	1 029	150	1 472	180	1 764
M30	46	60	588	90	882	125	1 225	200	1 962	240	2 352
M33	50	75	735	115	1 127	150	1 470	210	2 060	250	2 450
M36	55	100	980	150	1 470	180	1 764	250	2 453	300	2 940
M39	60	120	1 176	180	1 764	220	2 156	300	2 943	370	3 626
M42	65	155	1 519	240	2 352	280	2 744	390	3 826	470	4 606
M45	70	180	1 764	280	2 744	320	3 136	450	4 415	550	5 390
M48	75	230	2 254	350	3 430	400	3 920	570	5 592	680	6 664
M52	80	280	2 744	420	4 116	480	4 704	670	6 573	850	8 330
M56	85	360	3 528	530	5 149	610	5 978	860	8 437	1 050	10 290

*：kg · m 不是规范的扭矩值单位，其物理含义的表达亦不准确，但在实际工作中较为常见，本书中列出供参考。

表 1–3–7 螺栓或螺母的扭矩值

类别	规格	材料	扭矩值（kg · m）	扭矩值（N · m）
螺栓	M14（6.8）	机械构造用钢	10	98
螺栓	M36（10.9）			
螺母	M30（8.8）			
螺栓	M52（4.8）			

（3）力矩扳手（torgue wrench）

1）典型力矩扳手的结构如图 1–3–11 所示。根据图 1–3–11，在表 1–3–8 中标出力矩扳手各组成部件的序号。

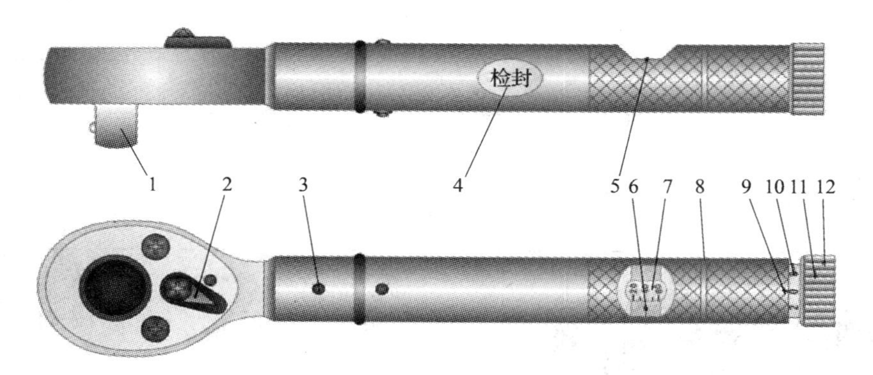

图 1–3–11　典型力矩扳手的结构

表 1–3–8　　力矩扳手的组成部件及其作用

序号	名称	作用	序号	名称	作用
11	设定轮	设定力矩的大小		换向手柄	改变力矩的方向，调整棘轮的方向
	方榫	安装套筒		主标尺	读取力矩的主值
	副标尺	读取力矩的副值		定位销	定位力矩扳手棘轮头
	检封	扳手校准后，贴上检封，保证测量的准确性，避免力矩数据不准		检定加力	
	副标尺基准线	读取力矩副值的基准线		主标尺窗	读取力矩主值的窗口
	主标尺基准	读取力矩主值的基准线	12	锁定环	锁定预设力

2）查询表 1–3–6 和力矩扳手操作的资料，从“M14、M15、M16、M17、M18、8 N · m、50 N · m、58 N · m、90 N · m、98 N · m”中选择正确的规格或数据填写到表 1–3–9 的空格中。

表 1–3–9　　力矩扳手的使用

图示	步骤内容
	根据螺栓大小，选择合适的套筒，并将套筒安装到方榫上，如 M16 的螺栓，应选择________的套筒
	若螺栓为 M14（6.8），则应选择________的套筒

续表

图示	步骤内容
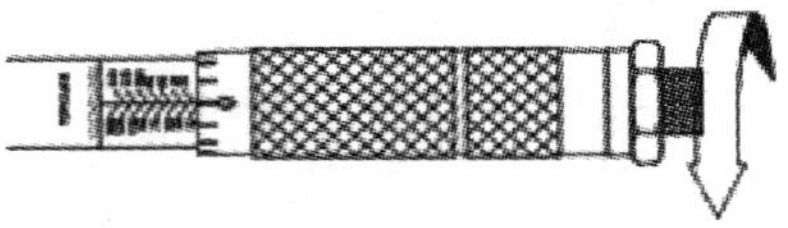	左旋，松开锁定环
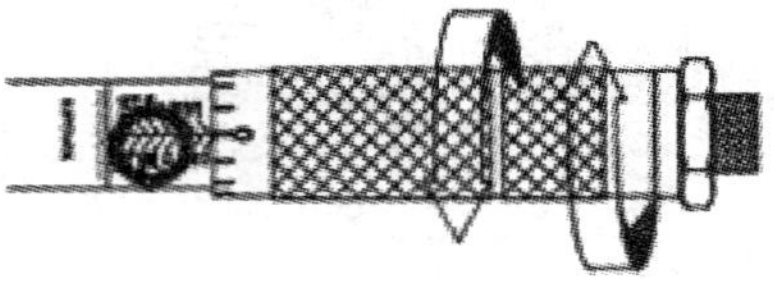	旋动设定轮，调整扭矩力，右转为松动，左转为加力矩
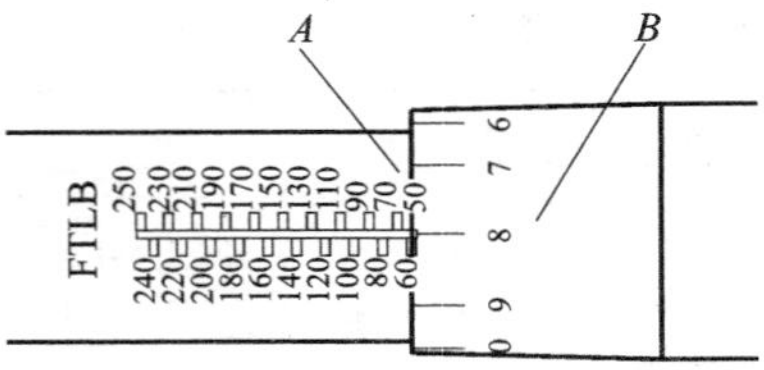 A B FTLB 250 230 210 190 170 150 130 110 90 70 50 240 220 200 180 160 140 120 100 80 60 7 6 8 9 0	设定力矩，其中 *A* 为主值，读离副标尺最近的值，即如图为__________N · m；*B* 为副值，读离主标尺轴线所对应副标尺的值，即如图为__________N · m；则实际力矩值 =*A*+*B*=________________
	规格为 M14（6.8）的螺栓，其预紧力矩应为________，其中 *A* 应是________，*B* 应是________
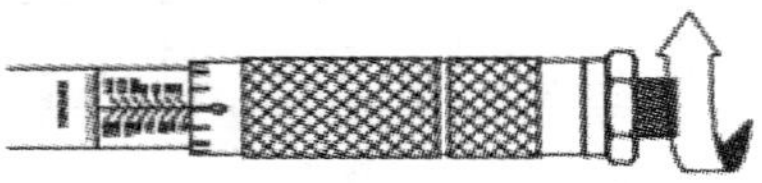	右旋，恢复锁定环
 CW CCW	调节换向手柄，选定施力方向
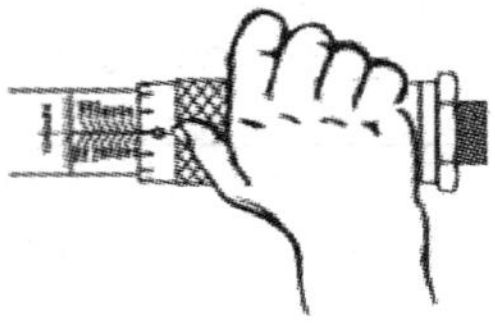	测量时将手放在手柄中心位置
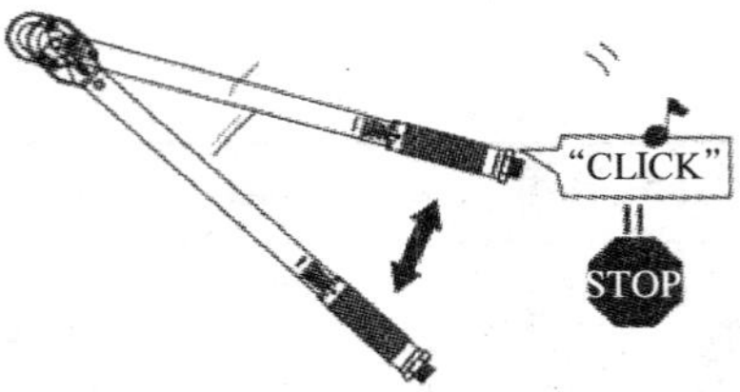 "CLICK" STOP	在手柄上缓慢用力。施加外力时必须按标明的箭头方向。当拧紧到发出信号"咔嗒"声（已达到预设扭矩值）时，停止加力
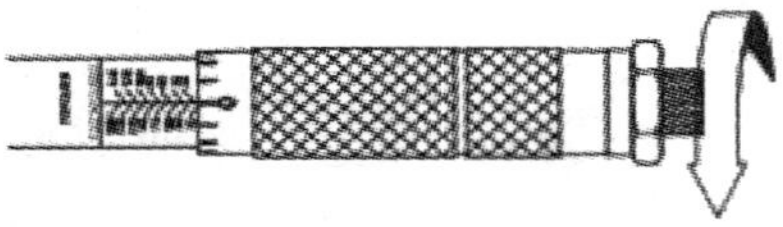	若长期不用，调节标尺刻线退至扭矩最小数值处

（4）温度仪（thermometer）

1）图 1-3-12 所示为红外温度仪，根据图 1-3-12 将表 1-3-10 补充完整。

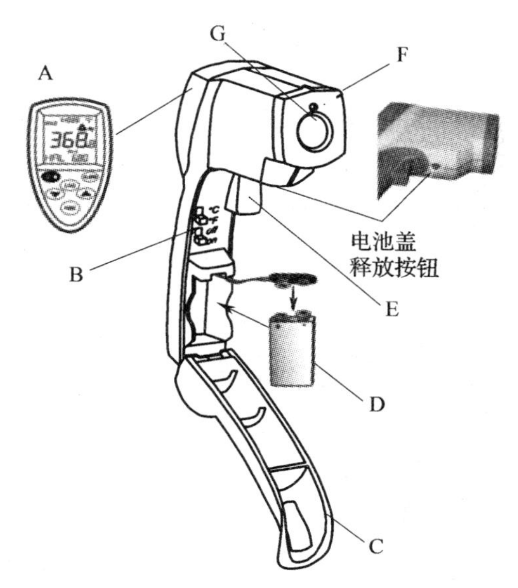

图 1-3-12　红外温度仪

表 1-3-10　红外温度仪的使用

图中位置	名称	图中位置	名称
	电池		显示屏
	探头		激光
	切换开关		电池盖
	扳机（测量开关）		

2）图 1-3-13 所示为红外温度仪的显示屏，根据图 1-3-13 将表 1-3-11 补充完整。

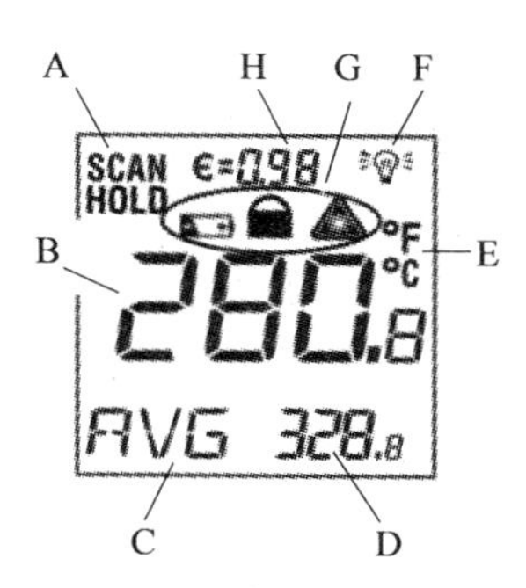

图 1-3-13　红外温度仪的显示屏

表 1-3-11　　红外温度仪的使用

图中位置	名称	图中位置	名称
	当前温度值		SCAN(扫描)或 HOLD(保持)
	最高温度显示		激光“启动”符号
	发射率符号和数值		电池等
	℃ / ℉符号		背光开启符号

3）查阅相关资料学习红外温度仪的使用，将表 1-3-12 的内容补充完整。

表 1-3-12　　红外温度仪的使用

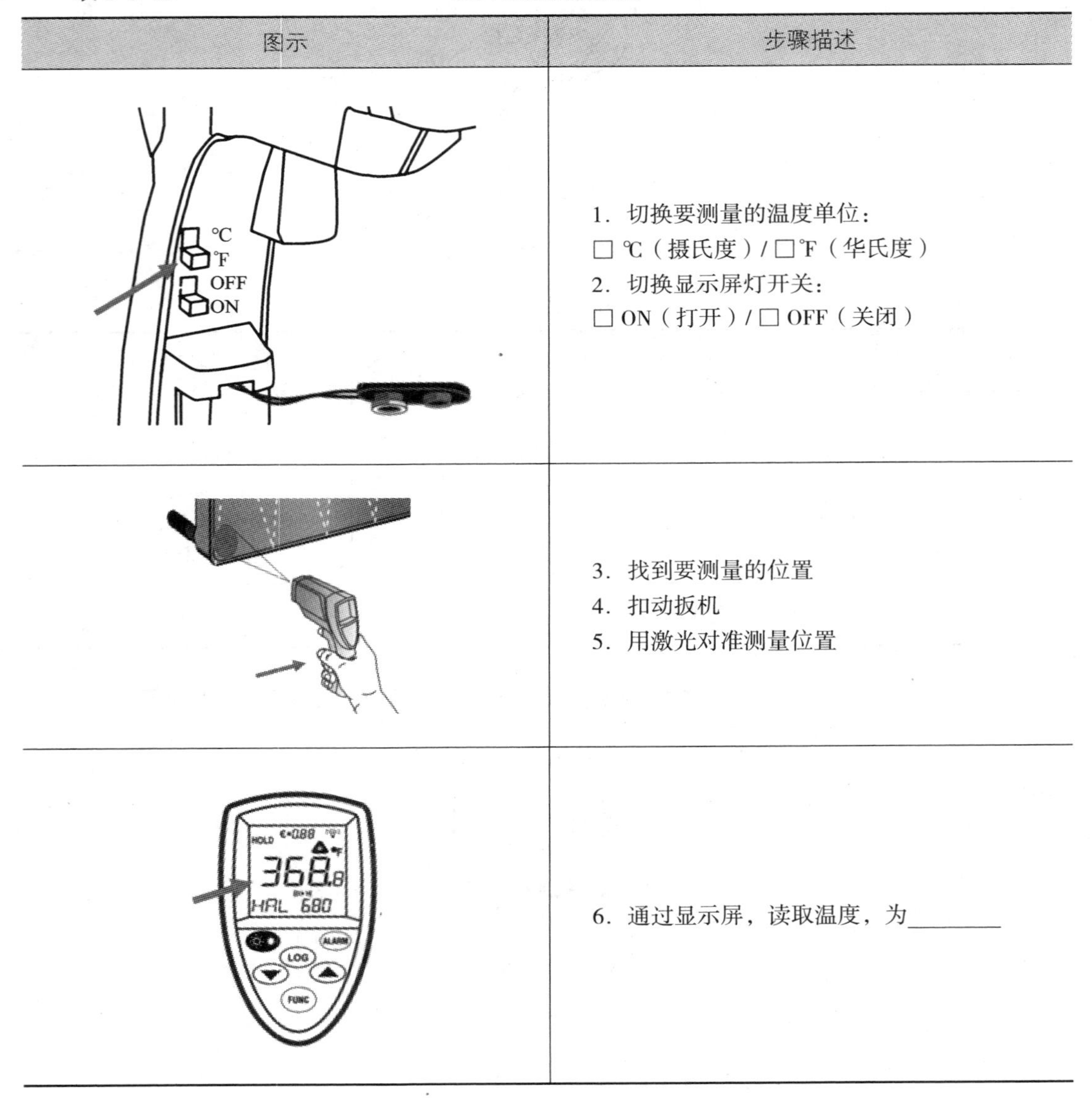

图示	步骤描述
	1. 切换要测量的温度单位： □ ℃（摄氏度）/ □ ℉（华氏度） 2. 切换显示屏灯开关： □ ON（打开）/ □ OFF（关闭）
	3. 找到要测量的位置 4. 扣动扳机 5. 用激光对准测量位置
	6. 通过显示屏，读取温度，为________

2．检查机房保养物料

按照表 1–3–13 所列项目对保养物料进行检查，记录检查结果。

表 1–3–13　　电梯机房保养物料检查记录

序号	物料名称	检查标准	检查结果
1	安全帽	1．外观完好，无损坏	□完好　□损坏
		2．后箍完整，使用正常	□完好　□损坏
		3．下颏带完整，使用正常	□完好　□损坏
2	工作服	1．拉链完整，使用正常	□完好　□损坏
		2．扣子完整，使用正常	□完好　□损坏
3	安全鞋、安全带	外观完好，使用正常	□完好　□损坏
4	三角钥匙		□完好　□损坏
5	顶门器		□完好　□损坏
6	（一字、十字）螺钉旋具	1．外观完好，无损坏	□完好　□损坏
		2．刀头部分没有损坏，能正常拧螺栓	□完好　□损坏
7	活动扳手	1．固定扳口完整，无损坏	□完好　□损坏
		2．调节蜗杆无锈斑，运动灵活	□完好　□损坏
		3．活动扳扣外观完好，无损坏	□完好　□损坏
8	塞尺	1．外观完好，无损坏	□完好　□损坏
		2．塞尺片无锈斑、污渍	□完好　□损坏
		3．塞尺刻度清晰	□完好　□损坏
		4．塞尺片无折弯	□完好　□损坏
		5．连接螺母运动灵活，未生锈	□完好　□损坏
9	线坠（线锤）	1．坠头外观完好，无损坏	□完好　□损坏
		2．线外观完好，无起丝，回收线功能正常	□完好　□损坏
		3．固定钢针运行良好，弹簧活动自如	□完好　□损坏
		4．挂钩取出正常，无折弯，无损坏	□完好　□损坏
		5．线坠外观正常，无损坏	□完好　□损坏
10	卷尺	1．外观完好，无损坏	□完好　□损坏
		2．刻度清晰，能正常进行读数	□完好　□损坏

续表

序号	物料名称	检查标准	检查结果
10	卷尺	3. 无折弯，能正常使用	□完好 □损坏
		4. 量尺能正常回收	□完好 □损坏
11	直尺（钢尺）	1. 外观完好，无损坏	□完好 □损坏
		2. 刻度清晰，能正常进行读数	□完好 □损坏
		3. 无折弯，能正常使用	□完好 □损坏
12	角尺	1. 外观完好，无损坏	□完好 □损坏
		2. 刻度清晰，能正常进行读数	□完好 □损坏
		3. 无折弯，能正常使用	□完好 □损坏
13	万用表	1. 外观完好，无损坏	□完好 □损坏
		2. 电阻挡正常	□完好 □损坏
		3. 直流电压挡正常	□完好 □损坏
		4. 交流电压挡正常	□完好 □损坏
		5. 零配件齐全	□完好 □损坏
		6. 电池电量充足	□完好 □损坏
14	钳形电流表	1. 外观完好，无损坏	□完好 □损坏
		2. 钳口有无锈蚀	□完好 □损坏
		3. 钳口运行灵活	□完好 □损坏
		4. 电池电量充足	□完好 □损坏
15	绝缘电阻表（以摇表为例）	1. 外观完好，无损坏	□完好 □损坏
		2. 零配件齐全	□完好 □损坏
		3. 开路实验正常	□完好 □损坏
		4. 短路实验正常	□完好 □损坏
16	红外温度仪	1. 外观完好，无损坏	□完好 □损坏
		2. 电池电量充足	□完好 □损坏
		3. 温度测量功能正常	□完好 □损坏
17	刷子	1. 外观完好，无损坏	□完好 □损坏
		2. 刷毛可正常使用	□完好 □损坏
18	扭力扳手	外观完好，无损坏、锈斑，功能正常	□完好 □损坏
19	安全护栏	外观完好，功能正常	□完好 □损坏

三、准备电梯机房保养实施

根据保养工作流程要求，查阅针对电梯机房保养的安全操作规范，到达现场后，与物业管理人员进行接洽沟通，通过相互观察和监督检查个人穿戴（工作服、安全鞋、安全帽）和个人精神状态，认识安全标识，对电梯机房进行保养前的准备，保证保养工作顺利开展。

1．阅读以下电梯维保技术人员基本规程，回答后面的问题。

（1）电梯维保技术人员必须经技术培训和安全操作培训，并经主管部门考核合格，取得特种作业操作证等证书后，方可上岗操作，严禁无证作业。

（2）电梯维保技术人员在吊装起重设备和材料时，必须严格遵守高处作业和起重设备的安全操作规程。

（3）电梯维保技术人员必须严格遵守电工安全操作规程。

（4）电梯维保技术人员在安装、维修保养电梯时，坚决做到不酒后作业、不违章作业、不冒险作业、不野蛮作业。

（5）施工前要认真检查工具，如有工具失灵、打滑、裂口和缺角等，须予以修复或调换。

（6）各种易燃品必须贯彻“用多少领多少”的原则，用剩的易燃物品必须妥善保管在安全的地方，不能随便乱抛。

（7）施工中凡需动明火，必须通知使用单位，重点单位应通知保卫科、安全部门以及市消防机关，做好防火措施，施工过程中须有使用单位专人值班，每班明火作业后，应仔细检查现场，消除火苗隐患。

（8）使用喷灯前要检查四周有无易燃物件，喷灯不用时应当关火，冷却后方可储存，喷灯的装油量不得超过3/4，并应使用煤油，严禁使用汽油。

（9）使用电烙铁时，应搁置在搁架等不易燃的物体上，不准放在电线上和潮湿处，电烙铁用毕冷却之前，不得收藏。

（10）使用移动电动工具前，应检查其金属外壳是否有效接地，外壳及插头有无破损，严禁使用导线裸露、绝缘层破坏、漏电的电器、工具、器材。移动行灯应使用36 V低压电源，禁止使用220 V电源，不得用线头直接插入插座。

（11）操作时，必须正确使用个人防护用品，严禁穿汗衫、短裤、肥大笨重的衣服进行操作，集体备用的防护用品必须做到专人保管，定期检查，使之保持完好的状态。

（12）电梯层门拆除后或安装前，必须在层门上设置障碍物并挂有醒目的标志，在未放置障碍物之前，必须有专人看管。

（1）电梯维保技术人员的用电安全要求有哪些?

（2）电梯维保技术人员个人防护要注意哪些内容?

2．阅读以下机房作业安全规程，回答后面的问题。

（1）安装电梯时，电源进入电梯机房，必须通知所有相关人员。机房里起重吊钩应用红漆标明最大允许起吊吨位。

（2）进入机房检修时，必须先切断电源，并挂有“有人工作，切勿合闸”的警告牌。

（3）机房内各预留孔，必须用板和其他物件盖好，防止机器零件、工具、杂物掉入孔中发生坠落、伤人事故。对于已装好的电梯，当维修人员从这些孔洞探视井道时，也应预防笔、工具等落入井道。

（4）在控制柜检查电路时，应有2人监护，不得拆除电梯安全保护装置，不得短接门锁回路、安全回路。

（5）清理控制屏时一般不准带电操作，凡不能停电必须带电清理时，须用在铁皮口处包扎橡皮的干燥漆刷清理，不得用金属构件接触带电部位，更不准用回丝或手清理。

（6）用盘车轮（飞轮）转动曳引机时，须先将总电源切断并由2人以上同时操作，2人将盘车轮夹持好以防轿厢与对重不平衡而意外转动，采用间歇盘车方式转动曳引机，待另一人将制动器张开后，立即盘车，盘毕后须先抱紧制动器，然后再松盘车轮。

（7）在运转的轮两边清洗钢丝绳时，严禁用手直接擦洗，必须用长刷，站在轿顶上，在检修速度下清洁钢丝绳。

（8）维修、保养时严禁在机房里将门电联锁短接作载人使用，机房检修试车应采取封锁层（厅）、轿门措施，防止自动信号开门载人。

（9）接触带MOS电路的印刷电路板时，手须触摸控制屏外壳，以释放静电。

（1）为什么机房内各预留孔需要用板和其他物件盖好?

（2）电梯维保技术人员盘车过程中，需注意哪些内容?

3．认识安全标识

常见安全标识包括“当心触电、当心中毒、当心激光、必须戴口罩、必须系安全绳、当心坠落、必须佩戴安全帽、必须穿工作服、当心爆炸、必须穿防护鞋、必须戴防护手套、严禁超载、严禁靠门、严禁拍手、严禁在层门处停留、禁止乱打按钮、电梯机房闲人免进、禁止烟火、严禁扒门、超载勿上、当心机械伤人”等，选择正确的安全标识名称填写到表 1–3–14 中。

表 1–3–14　　安全标识

标识	意义	标识	意义	标识	意义
			注意安全		当心绊倒
					当心掉物
			当心火灾		

			必须戴防护眼镜		禁止抢上抢下
	禁止酒后上岗		禁止吸烟	机房重地 闲人免进	

续表

标识	意义	标识	意义	标识	意义
			禁用手机		
	严禁打闹				
					火灾时请勿乘坐电梯
	看好儿童				禁带危险品

4．设置机房保养前的电梯

（1）放置护栏（表 1–3–15）

表 1–3–15　放置护栏

图示及步骤描述	实施技术要求	实施记录
放置护栏	在层站（基站）和轿内指定位置设置护栏	放置护栏到位： □是　□否

（2）运行轿厢至顶层（表 1–3–16）

表 1–3–16　运行轿厢至顶层

步骤描述	实施技术要求	实施记录
呼梯运行	呼梯至顶层	电梯已在顶层： □是　□否

（3）查看维保记录（表 1–3–17）

表 1–3–17 查看维保记录

图示及步骤描述	实施技术要求	实施记录
进入机房，查看维保记录	查看维保记录，检查上次维保时间及维保内容	已查看维保记录： □是 □否

（4）确认轿厢内无人（表 1–3–18）

表 1–3–18 确认轿厢内无人

图示	实施技术要求	实施记录
	使用机房对讲系统（五方通话）与电梯轿厢联系，确认轿厢内无人	已确认轿厢内无人： □是 □否

（5）停止电梯运行（表 1–3–19）

表 1–3–19 停止电梯运行

图示及步骤描述	实施技术要求	实施记录
1．打开控制柜急停开关	按下控制柜急停开关	已按下急停开关： □是 □否
2．断开控制柜电源	确认控制柜电源已断开	已断开控制柜电源： □是 □否

续表

图示及步骤描述	实施技术要求	实施记录
 3．检查控制柜电压	用万用表的电压挡检查控制柜电源，确认已断开	控制柜电压： L1 和 N 间电压为_________ L2 和 N 间电压为_________ L3 和 N 间电压为_________ L1 和 L2 间电压为_________ L1 和 L3 间电压为_________ L2 和 L3 间电压为_________
 4．上好控制柜锁牌	确认控制柜锁牌已上好	已上好控制柜锁牌： □是　□否
5．关好控制柜柜门	确认控制柜柜门已关好	已关好控制柜柜门： □是　□否
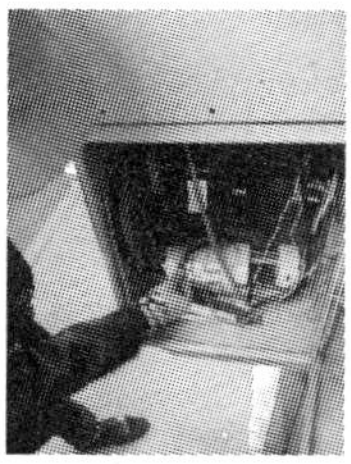 6．断开电源箱电源	1．侧身断开电源箱电源； 2．确保照明、通风、插座、通话装置不能断开	已断开电源箱电源： □是　□否
 7．检查电源箱电源	检查电源箱电源，确认已断开	电源箱电压： L1 和 N 间电压为_________ L2 和 N 间电压为_________ L3 和 N 间电压为_________ L1 和 L2 间电压为_________ L1 和 L3 间电压为_________ L2 和 L3 间电压为_________
8．关好电源箱	关闭电源箱，上好电源箱锁牌	已关闭电源箱并上好电源箱锁牌： □是　□否

四、实施曳引机保养

依据电梯机房保养工作的要求，按照相关国家标准和规则，遵循曳引机例行保养流程，通过检查、清洁、润滑，实施曳引机保养（包括电动机、制动器、减速箱、曳引轮及相关设备的检查、清洁、润滑），完成后进行自检，确保电梯能够正常运行，操作过程应符合安全操作规范和 6 S 管理内容的要求，并做好记录。

曳引机（traction machine）是包括电动机、制动器和曳引轮在内的靠曳引绳和曳引轮绳槽摩擦力驱动或停止电梯的装置。

1．认识曳引机

（1）曳引机的种类

常见曳引机种类有有齿轮、无齿轮、卧式、立式、上置式、下置式等，在表 1-3-20 中填写图示曳引机的种类。

表 1-3-20　　曳引机的种类

曳引机外观	种类	曳引机外观	种类
	有齿轮		
			立式
	上置式		

（2）曳引机的组成及作用

1）有齿轮曳引机。有齿轮曳引机（geared machine）是指电动机通过减速箱驱动曳引轮的曳引机。在表 1–3–21 中填写各个零部件的位置及其作用。

表 1–3–21　　有齿轮曳引机的组成及作用

图示	名称	位置	作用
 E F A B C D	减速箱		
	制动器		
	基座	C	支撑曳引机
	电动机		
	盘车轮		
	曳引轮		

2）无齿轮曳引机。无齿轮曳引机（gearless machine）是指电动机直接驱动曳引轮的曳引机。在表 1–3–22 中填写各个零部件的位置。

表 1–3–22　　无齿轮曳引机的组成

图示	位置	名称
B C A D E		电动机
		制动器线圈
		制动衬（瓦）
		曳引轮
		基座

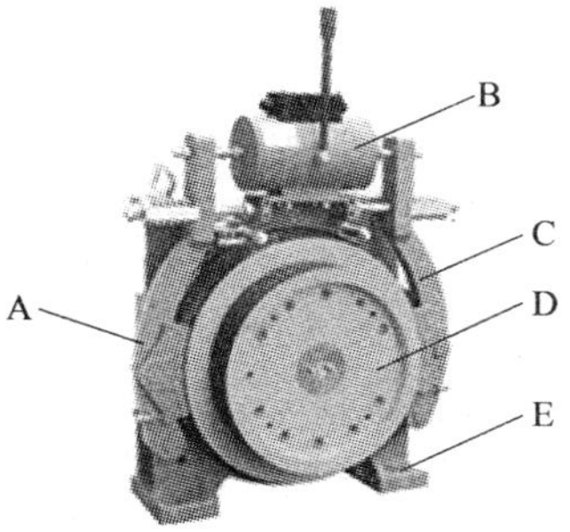

（3）曳引轮的绳槽

曳引轮（traction sheave）是指曳引机上的驱动轮。

曳引轮的绳槽主要包括楔形槽、带切口半圆槽和半圆槽三种类型，在表 1–3–23 中标出各个类型的名称和特点。

表 1-3-23 曳引轮的绳槽

外观	类型	特点

（4）蜗轮蜗杆的传动

1）典型蜗轮蜗杆结构见表 1-3-24，根据图示指出各传动件对应的位置。

表 1-3-24 典型蜗轮蜗杆结构

图示	名称	作用	位置
A B C D E	蜗轮轴	输出动力	
	蜗杆	输入动力	
	蜗轮	变速、传动运动	
	蜗杆轴承	支撑蜗杆	
	蜗轮轴承	支撑蜗轮轴	

2）简述蜗轮蜗杆传动的特点。

（5）曳引机的工作过程

曳引机的工作过程包括盘车轮驱动、电动机驱动、制动器工作、蜗杆转动、蜗轮转动、制动轮转动、制动轮停止、曳引轮转动、减速箱工作、减速箱不工作、钢丝绳运行等，结合表 1–3–21，分析其工作过程（图 1–3–14），补充其中的关键步骤，并写出曳引机的工作原理。

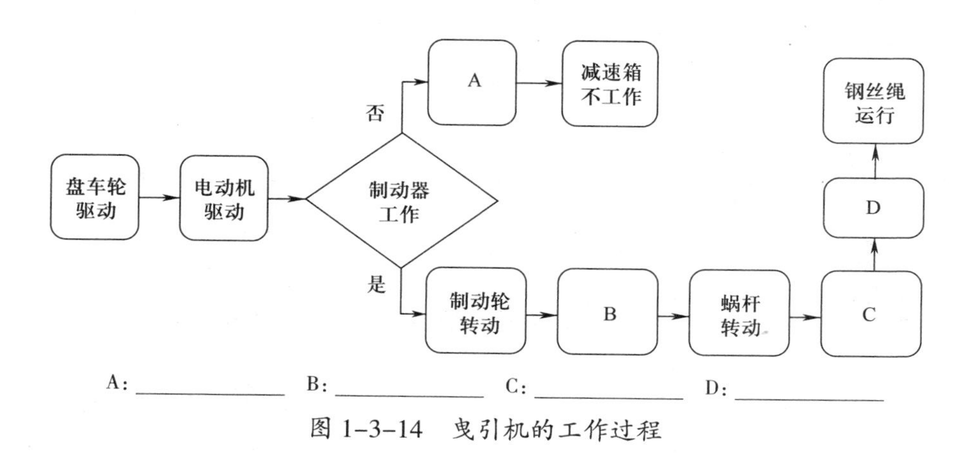

图 1–3–14　曳引机的工作过程

曳引机的工作原理：

2．保养

查阅相关资料，按照以下步骤完成曳引机的保养，并做好记录。

（1）检查曳引机电源（表 1–3–25）

表 1–3–25　检查曳引机电源

图示及步骤描述	实施技术要求	实施记录
用万用表检查曳引机电源	1. 曳引机电源断开； 2. 制动器电源断开	1. 曳引机电源： （1）L1 和 L2 间电压为__________ （2）L1 和 L3 间电压为__________ （3）L2 和 L3 间电压为__________ 2. 制动器电源电压为__________

（2）清洁灰尘、油污（表 1–3–26）

表 1–3–26　　清洁灰尘、油污

图示及步骤描述	实施技术要求	实施记录
用吸尘器、抹布、刷子清洁曳引机外壳	曳引机外观清洁，没有灰尘污垢	1. 电动机外观清洁： □已完成 2. 制动器外观清洁： □已完成 3. 减速器外观清洁： □已完成 4. 曳引轮外观清洁： □已完成

（3）检查漏油（表 1–3–27）

表 1–3–27　　检查漏油

图示及步骤描述	实施技术要求	实施记录
检查曳引机的轴承端、油尺（油窗）、放油端是否渗漏	曳引机无渗漏	1. 检查蜗杆输入轴承（油封）处（A）： □渗漏　□不渗漏 2. 检查蜗杆轴承端处（B）： □渗漏　□不渗漏 3. 检查蜗轮轴承端处（C）： □渗漏　□不渗漏 4. 检查蜗轮轴承（曳引轮侧）端处（D）： □渗漏　□不渗漏 5. 检查油尺处（E）： □渗漏　□不渗漏 6. 检查放油端处（F）： □渗漏　□不渗漏 若不正常，进行维修： □已完成

（4）检查松动（表 1–3–28）

表 1–3–28　检查松动

图示及步骤描述	实施技术要求	实施记录
1．检查曳引机所有螺栓是否松动	曳引机的螺栓为 M14，查阅表 1–3–6，其对应的预紧力矩为________	1．检查曳引机固定螺栓： □松动　□不松动 2．检查曳引机的装配螺栓： □松动　□不松动 若松动，进行锁紧： □已完成
2．检查接线是否松动	电动机、编码器和制动器接线应紧固、整齐、线号齐全清晰	1．检查电动机接线： □松动　□不松动 2．检查编码器接线： □松动　□不松动 3．检查制动器接线： □松动　□不松动 若松动，进行锁紧： □已完成

（5）检查温度（表 1–3–29）

表 1–3–29　检查温度

图示及步骤描述	实施技术要求	实施记录
1．检查电动机温度	温升不超过 80 K（B 级绝缘）/105 K（F 级绝缘）	1．测量环境温度：________ 2．测量电动机温度：______ 3．计算电动机温升：______ 4．判断电动机温度： □合格　□不合格 若不合格，进行维修： □已完成
2．检查制动器温度	1．温升不超过 80 K（B 级绝缘）/105 K（F 级绝缘）； 2．温度不超过 105 ℃	1．测量线圈温度：________ 2．测量制动衬温度：______ 3．测量制动轮温度：______ 4．计算温升：__________ 5．判断制动器温度： □合格　□不合格 6．判断制动器温升： □合格　□不合格 若不合格，进行维修： □已完成

续表

图示及步骤描述	实施技术要求	实施记录
 3．检查减速箱温度	温度不超过 85℃	1．测量减速箱温度：______ 2．计算温升：____________ 3．判断减速箱温度： □合格　□不合格 若不合格，进行维修： □已完成

（6）检查制动器（表 1–3–30）

表 1–3–30　　检查制动器

图示及步骤描述	实施技术要求	实施记录
 1．检查制动器动作状态	1．安装盘车轮； 2．一人扶住盘车轮； 3．另一人检查制动器动作情况	1．检查制动器各部件运行： □灵活　□不灵活 2．检查制动器开关： □正常　□不正常 若不合格，进行维修： □已完成
 2．检查制动器间隙	间隙应小于 0.7 mm	1．测量数据：________________ 2．判断间隙： □合格　□不合格 若不合格，进行维修： □已完成
 3．检查制动轮	1．无漏油情况； 2．生锈不超标； 3．磨损不超标	1．检查是否漏油： □漏油　□不漏油 2．检查是否生锈： □生锈　□无锈 3．检查磨损情况： □正常　□中等　□严重 若不正常，进行维修： □已完成

（7）润滑（表 1–3–31）

表 1–3–31　润滑

图示及步骤描述	实施技术要求	实施记录
1．开展曳引机各个部件的润滑	各部件润滑、动作灵活	1．A 处（电动机轴承处）一般每 30 天进行一次润滑： □已完成 2．B 处（制动臂销轴）一般每 7 天进行一次润滑： □已完成 3．C 处（制动器铁芯）一般每 30 天进行一次润滑，采用石墨粉： □已完成 4．D 处（减速机），注意检查油位，采用电梯齿轮润滑油： □已完成
2．识别油位装置	识别减速器的油位装置	油位装置类型： □油窗　□油尺
3．若是油尺，先将油尺取出，用抹布清洁表面；再将油尺放入减速箱约 30 s；然后将油尺取出，观察其油位	观察油位，应在油尺两条线内	1．检查油位： □过高　□正常　□不足 2．处理： □加油　□放油　□不动
若是油窗，观察油位在油窗上的位置	观察油位，应在中点与 2/3 位置之间	

（8）检查曳引轮（表 1–3–32）

表 1–3–32 检查曳引轮

图示及步骤描述	实施技术要求	实施记录
1．检查曳引轮外观	外观合格，油漆无脱落，无生锈现象	1．油漆状态： □正常 □脱落 □不合格 2．生锈情况： □合格 □不合格 若不合格，进行维修： □已完成
2．检查绳槽磨损	磨损不应超过 1 mm	1．测量磨损最大值：________ 2．判断磨损情况： □合格 □不合格 若不合格，进行维修： □已完成
左 右 1 1 2 2 3．检查曳引轮铅垂	铅垂长度不应超过 2 mm	1．测量铅垂左 1：________； 测量铅垂左 2：________； 2．测量铅垂右 1：________； 测量铅垂右 2：________； 3．计算铅垂（差） 左：________；右：________； 4．判断铅垂： □合格 □不合格 若不合格，进行维修： □已完成

五、实施控制柜及相关设备保养

依据电梯机房保养工作要求，按照相关国家标准和规则，遵循控制柜及相关设备保养流程要求，通过检查、清洁、润滑，实施控制柜及相关设备保养（包括控制柜、机房照明和通风系统、灭火器、电源箱、限速器、绳头、导向轮），完成后进行自检，确保电梯能够正常运行，操作过程应符合安全操作规范和 6S 管理内容的要求，并做好记录。

1．认识控制柜及相关设备

（1）机房的布局

常见电梯机房包括曳引机、限速器、机房大门、控制柜、通风装置和电源箱，见表 1–3–33，根据图示写出机房设备对应的位置。

表 1-3-33　　认识机房布局

图示	设备（零件）	位置
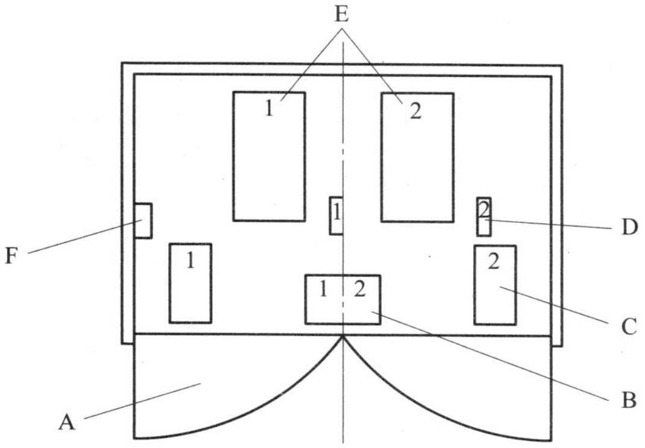 E 1 2 1 2 F D 1 2 1 2 C A B	曳引机	
	限速器	
	机房大门	
	控制柜	
	通风装置	
	电源箱	

（2）电梯的驱动类型

电梯驱动类型有以下三种。

曳引驱动电梯（traction lift）：依靠摩擦力驱动的电梯。

液压驱动电梯（hydraulic lift）：依靠液压驱动的电梯。

强制驱动电梯（positive drive lift）：用链或钢丝绳悬吊的非摩擦方式驱动的电梯。

根据电梯驱动类型，在表 1-3-34 中根据图示将驱动类型名称补充完整。

表 1-3-34　　认识电梯驱动类型

图示			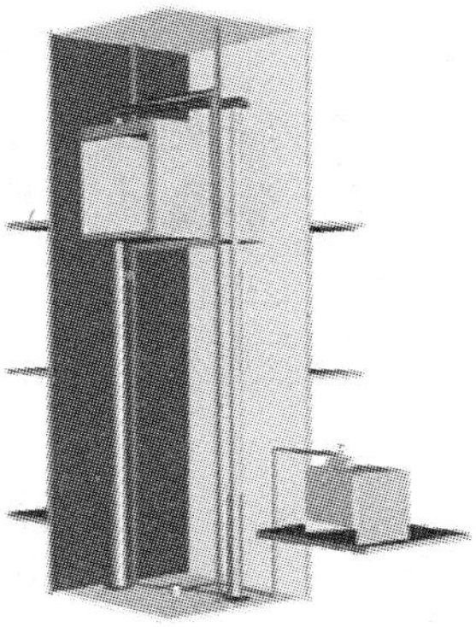
驱动类型			
驱动特点	用链或钢丝绳悬吊的非摩擦方式驱动	依靠主机驱动轮绳槽的摩擦力驱动	利用液体的流动使柱塞往复运动

（3）电梯的控制方式

电梯的常见控制方式包括继电器－接触器控制、PLC 控制、微机控制等，在表 1–3–35 中补充各种控制方式的控制特点。

表 1–3–35 认识电梯的控制方式

图示	控制方式	控制特点
	继电器－接触器控制	
	PLC 控制	
	微机控制	

（4）电梯控制柜

电梯控制柜（controller）是指用于安装各种电子器件和电气元件的一个有防护作用的柜形结构电控设备。电梯控制柜是电梯控制的核心，即电梯的“大脑”。其中控制器是负责对电梯选向、加速、高速、减速及制停进行协调的机构。各种输入单元包括移动方向极限控制、安全电路、轿厢门与层门门锁、轿厢 / 呼梯按钮等。

1）电梯控制柜的组成

如图 1–3–15 所示，电梯控制柜主要由电源系统、控制系统和拖动系统组成，在表 1–3–36 中标出其在图中的位置，并写出各个系统的功能。

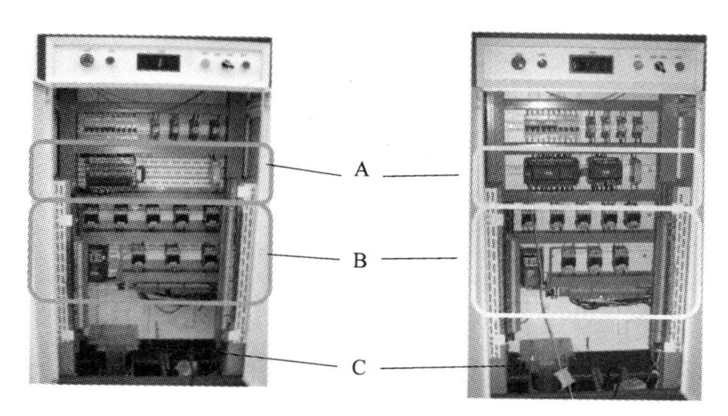

图 1–3–15　电梯控制柜的组成

表 1–3–36　电梯控制柜的组成及功能

名称	位置	功能
电源系统		
控制系统		
拖动系统		

2）微机电梯控制柜

微机控制电梯是目前使用最广的电梯，微机电梯控制柜包含变频器、电源、微机控制系统、控制柜操作箱、接触器与继电器、各类端子，在表 1–3–37 中标出上述设备在微机控制柜图示中的位置。

表 1–3–37　微机电梯控制柜

名称	位置	图示
变频器		
电源		
微机控制系统		
控制柜操作箱		
接触器与继电器		
各类端子		

3）微机电梯控制原理

根据微机电梯控制原理，从“电动机、轿厢、层站输入、控制柜输入、制动器、钢丝绳、微机控制系统、变频器及继电器（接触器）、曳引机、轿厢输入、其他输入”中选择正确的词语填写到图 1–3–16 中的横线上。

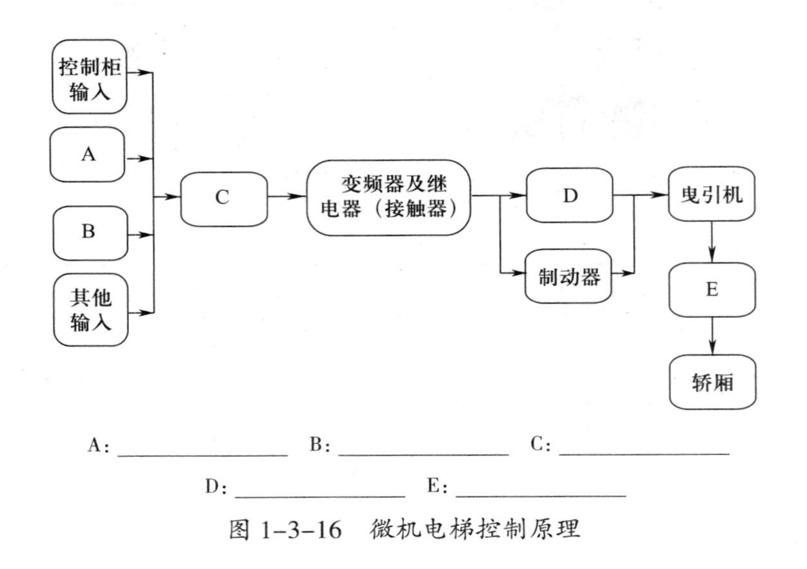

图 1–3–16 微机电梯控制原理

（5）限速器

限速器（overspeed governor）是指当电梯的运行速度超过额定速度一定值时，其动作能切断安全回路或进一步使安全钳 / 上下超速保护装置起作用，使电梯减速直到停止的自动安全装置。

安全钳（safety gear）是指限速器动作时，使轿厢或对重停止运行保持静止状态，并能夹紧在导轨上的一种机械安全装置。

1）限速器 – 安全钳系统

限速器 – 安全钳系统如图 1–3–17 所示，在表 1–3–38 中标出各个设备在图中的位置，并补充相关设备的作用。

2）限速器结构及工作原理

在表 1–3–39 中标出各个零部件在图中的位置。

根据限速器工作原理，结合图 1–3–17 从“轿厢钢丝绳、速度调节弹簧、夹绳弹簧、限速器钢丝绳、轿厢、

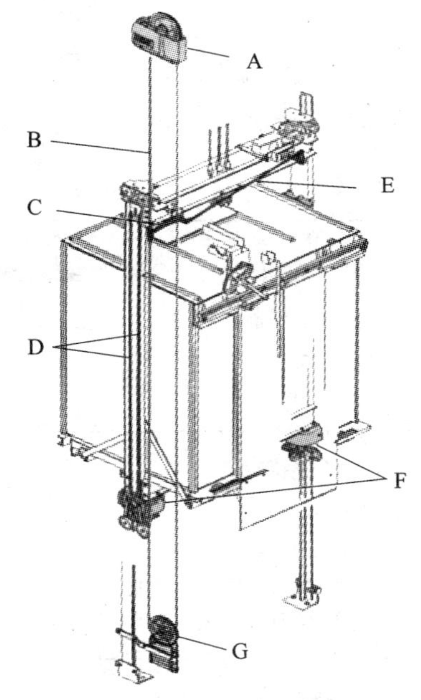

图 1–3–17 限速器 – 安全钳系统

表 1-3-38　　限速器－安全钳系统各组成部分的位置及作用

名称	位置	作用
限速器钢丝绳		当限速器发生机械动作时，通过限速器钢丝绳拉动安全钳的联动机构
拉杆		限速器动作时，传递运动，驱动安全钳
安全操作拉杆		连接限速器钢丝绳和拉杆
安全钳		
连杆		限速器触发时，驱动两边的安全钳，保证两边安全钳同时被触发
张紧装置		为了防止由于绕在限速器上的钢丝绳断裂或钢丝绳张紧装置失效，在张紧装置边上装有断绳开关。一旦限速器钢丝绳断裂或张紧装置失效，断绳开关动作，同样切断控制电路。该装置使轿厢运行速度正确无误地反映到限速器上，从而保证了电梯正常运行
限速器		

表 1-3-39　　限速器结构

图示	零部件名称	位置
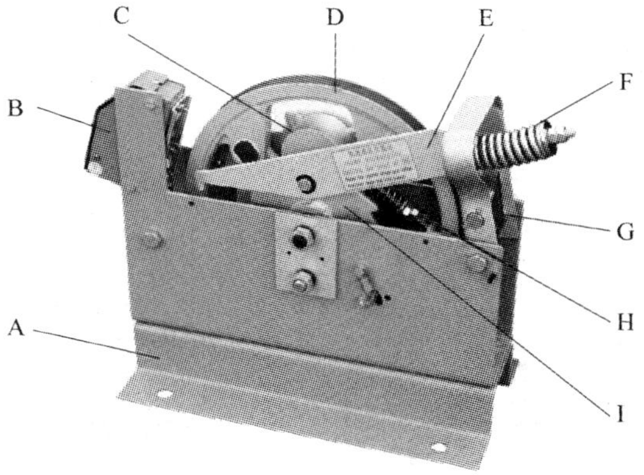	甩块（离心锤）	
	电气开关	
	限速器绳轮	
	底板	
	制动轮（棘轮）	
	速度调节弹簧	
	夹绳臂和压块	
	触杆	
	夹绳弹簧	

安全钳、甩块、电气开关、制动轮、制动器、限速器绳轮、底板、限速器张紧装置、限速器、夹绳臂和压块、触杆”中选择正确的词语填写到图 1-3-18 中的横线上。

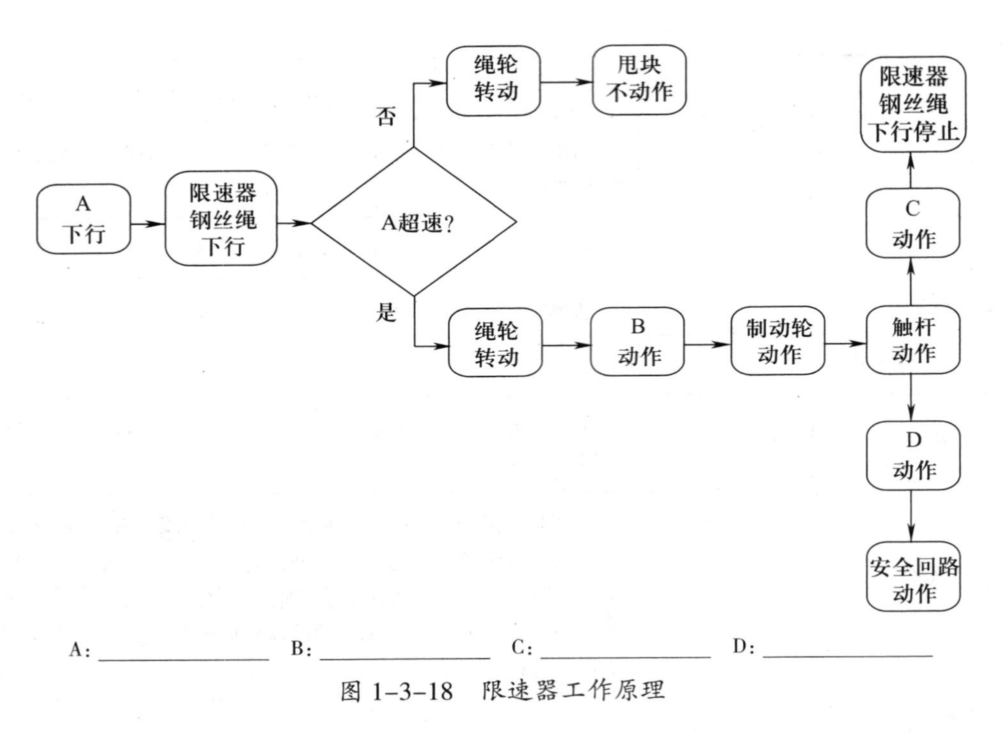

A：________ B：________ C：________ D：________

图 1-3-18 限速器工作原理

3）限速器－安全钳联动工作原理

根据限速器－安全钳联动工作原理，从“限速器钢丝绳、轿厢钢丝绳、限速器张紧装置、安全钳操作拉杆、限速器、轿厢、安全钳、制动器”中选择正确的词语填写到图 1-3-19 中的横线上。

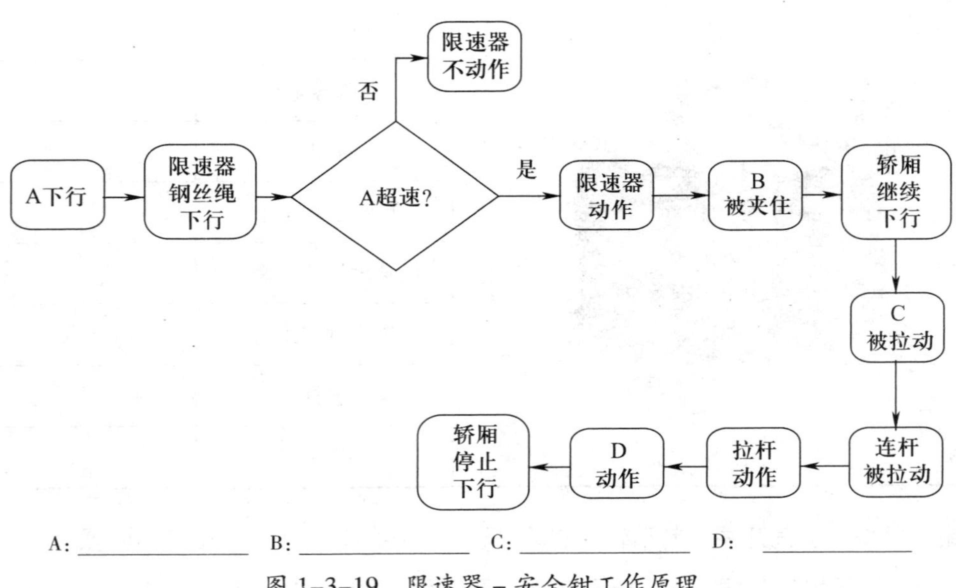

A：________ B：________ C：________ D：________

图 1-3-19 限速器－安全钳工作原理

（6）钢丝绳绳头装置

钢丝绳绳头装置（rope fastening）是指曳引绳与轿厢、对重装置或与机房承重梁等承载装置连接用的部件。在表 1-3-40 中标出各个零部件在图示中的位置。

表 1-3-40 钢丝绳绳头装置

图示	零部件名称	位置
A B C D E	曳引钢丝绳	
	绳头板	
	上横梁	
	绳头弹簧	
	锥套	

2．保养

查阅相关资料，按照以下步骤完成控制柜及相关设备的保养，并做好记录。

（1）检查机房入口（表 1-3-41）

表 1-3-41 检查机房入口

图示及步骤描述	实施技术要求	实施记录
1．检查机房通道的通行和照明	1．机房出入口无异物； 2．机房入口照明正常	1．机房出入口： □通畅 □有阻拦 2．机房入口照明： □正常 □损坏 若不正常，进行维修： □已完成
2．检查机房大门的门锁和标识	1．机房门锁正常； 2．警示标志“机房重地、严禁内进”清晰	1．机房门锁： □正常 □损坏 2．机房门上警示标志“机房重地、严禁内进”： □清晰 □损坏 □无标志 若不正常，进行维修： □已完成

（2）检查机房基本设备运行情况（表 1–3–42）

表 1–3–42 检查机房基本设备运行情况

图示及步骤描述	实施技术要求	实施记录
1. 检查机房照明工作状态	机房照明正常	机房照明： □正常 □损坏
2. 检查、清洁机房通风，包括门窗、通风装置、空调	1. 门窗清洁、开关正常； 2. 通风装置工作良好	1. 门窗状态： □正常 □损坏 2. 通风装置： □正常 □损坏 若不正常，进行维修： □已完成
3. 检查机房温度	机房的温度应为 5 ~ 40 ℃	1. 机房的温度为________ 2. 判断机房温度： □正常 □不正常 若不正常，进行维修： □已完成
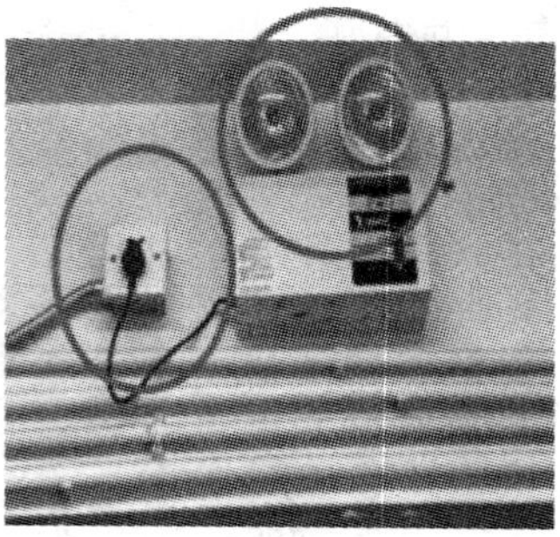 4. 拔开应急照明电源，检查应急照明工作状态	应急照明工作良好	应急照明： □正常 □不正常 若不正常，进行维修： □已完成
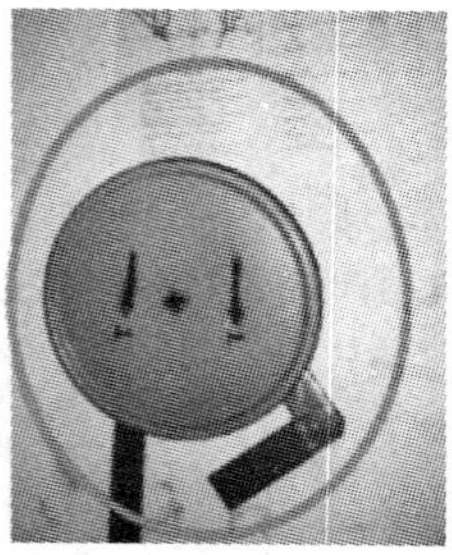 5. 检查盘车装置状况	盘车装置齐全，在指定位置	盘车装置： □完好 □丢失 □损坏 若不正常，进行维修： □已完成

续表

图示及步骤描述	实施技术要求	实施记录
6. 检查机房是否配置灭火器并检查机房内灭火器的使用日期	1. 机房必须配置灭火器； 2. 灭火器在有效期内	1. 机房是否配置灭火器： □是　□否 2. 灭火器是否在有效期内： □是　□否 若不合格，进行更换： □已完成

（3）检查五方通话装置（表 1–3–43）

五方通话装置用于轿厢内、轿顶、机房、底坑和电梯管理中心之间的相互通话。在电梯发生故障时，它帮助轿内乘客向外报警，同时便于电梯管理人员及时安抚乘客、减少乘客的恐惧感；在电梯调试或维修时，方便不同位置有关人员之间相互沟通。

表 1–3–43　　检查五方通话装置

图示及步骤描述	实施技术要求	实施记录
检查五方通话装置工作状态	通话工作正常	五方通话装置： □正常　□有杂音　□无声 若不正常，进行维修： □已完成

（4）保养控制柜（表 1–3–44）

表 1–3–44 保养控制柜

图示及步骤描述	实施技术要求	实施记录
 1. 用吹风机、抹布、刷子清洁控制柜表面	控制柜外观清洁，无灰尘	清洁控制柜外观： □已完成
 2. 用吹风机、刷子、抹布清洁变频器、继电器、接触器、接线、各个端子等	各电气元器件清洁，无灰尘	清洁控制柜内部元器件： □已完成
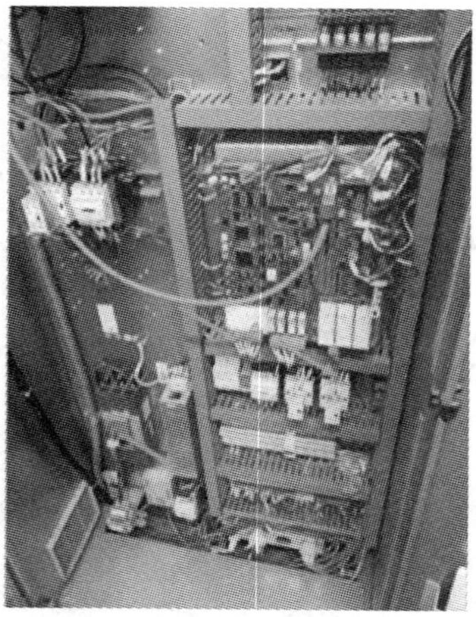 3. 检查接线的松动情况	接线连接良好，无松动	1. 变频器接线： □正常 □松动 2. 主板（微机板）接线： □正常 □松动 3. 继电器、接触器接线： □正常 □松动 4. I/O 接线端子： □正常 □松动 5. 电源接线： □正常 □松动 6. 控制装置接线： □正常 □松动 若松动，进行锁紧： □已完成

续表

图示及步骤描述	实施技术要求	实施记录
4．检查驱动回路绝缘电阻	绝缘电阻应大于 0.5 MΩ	1．测量： L1 相绝缘电阻为______ L2 相绝缘电阻为______ L3 相绝缘电阻为______ 2．判断绝缘电阻： □合格　□不合格 若不合格，进行维修： □已完成
5．检查控制回路、安全回路绝缘电阻	绝缘电阻应大于 0.25 MΩ	1．测量： 控制回路绝缘电阻为______ 安全回路绝缘电阻为______ 2．判断绝缘电阻： □合格　□不合格 若不合格，进行维修： □已完成

（5）保养限速器（表 1–3–45）

表 1–3–45　　保养限速器

图示及步骤描述	实施技术要求	实施记录
1．打开并清洁限速器防护罩	防护罩清洁、无灰尘、无油污	清洁限速器防护罩： □已完成
2．清洁限速器内部的灰尘、油污	限速器内部清洁、无灰尘、无油污	清洁限速器内部： □已完成

续表

图示及步骤描述	实施技术要求	实施记录
 3. 检查限速器各个部件的运动状态，润滑限速器各个运动部件	各个部件运动正常，无异响	1. 检查各个部件运动： □正常 □不正常 2. 润滑各个部件： □已完成 若不正常，进行维修： □已完成
 4. 检查限速器绳槽的磨损	绳槽磨损符合要求	1. 测量限速器绳槽的磨损值，为________ 2. 判断绳槽的状态： □正常 □不正常 若不正常，进行维修： □已完成
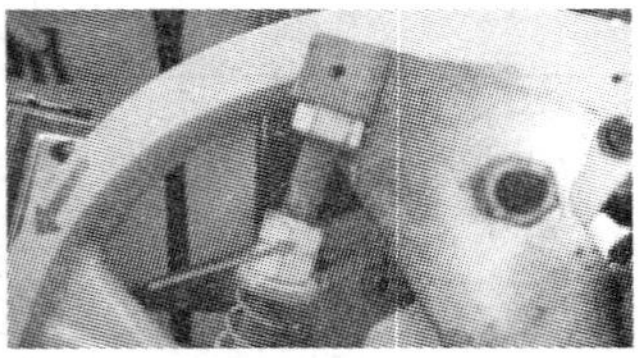 5. 检查限速器的漆封（铅封）	漆封（铅封）完整	检查漆封（铅封）： □完整 □破坏 若不正常，进行维修： □已完成
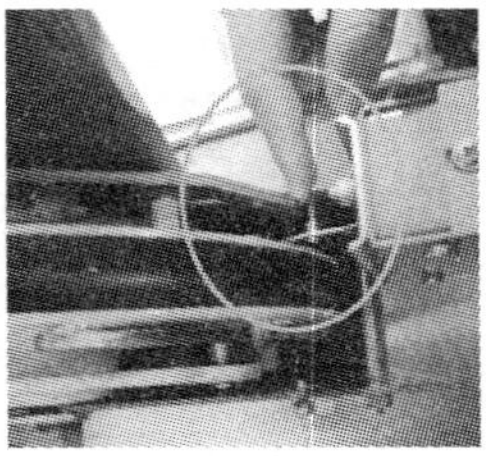 6. 检查限速器的电气开关	电气开关有效，接线可靠	利用万用表检查电气开关： □有效 □无效 若不正常，进行维修： □已完成
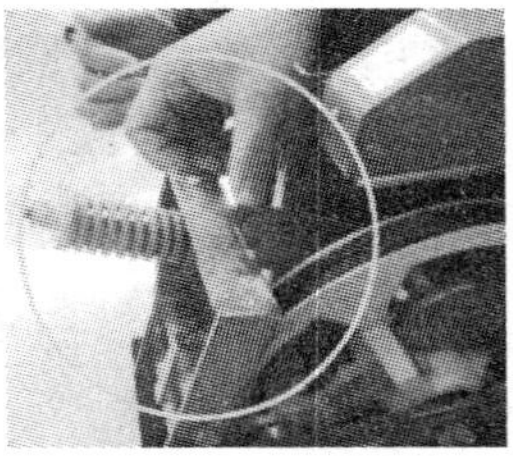 7. 检查限速器的触发状态	限速器有效触发	检查限速器触发： □有效 □无效 若不正常，进行维修： □已完成

续表

图示及步骤描述	实施技术要求	实施记录
8．复位限速器	复位机械和电气装置	1．机械复位： □已完成 2．电气复位： □已完成
9．复位限速器防护罩	防护罩复位，螺钉拧好	1．防护罩复位： □已完成 2．螺钉复位： □已完成

（6）保养绳头装置（表 1–3–46）

表 1–3–46　　保养绳头装置

图示及步骤描述	实施技术要求	实施记录
1．清洁绳头	绳头无灰尘	清洁绳头： □已完成
L 2．检查绳头张紧状态	绳头组合中张紧弹簧的长度差不超过 2 mm	1．测量计算： 测量高度平均值为________ 计算高度差最大值为______ 2．判断绳头张紧状态： □合格　□不合格 若不正常，进行维修： □已完成
3．检查绳头锥套是否发生转动	绳头未转动	检查绳头锥套： □转动　□未转动 若不正常，进行维修： □已完成

六、实施电梯紧急救援演练

根据依据电梯机房保养工作要求，按照相关国家标准和规则的要求，以及电梯紧急救援演练流程的要求，通过模拟演练，实施电梯紧急救援演练，确保电梯出现困人时能正常开展救援，操作过程应符合安全操作规范和 6 S 管理内容的要求，并做好记录。

1．电梯紧急救援

（1）电梯曳引系统的组成

电梯曳引系统的组成如图 1-3-20 所示，通过曳引系统可实现电梯轿厢的上下行。

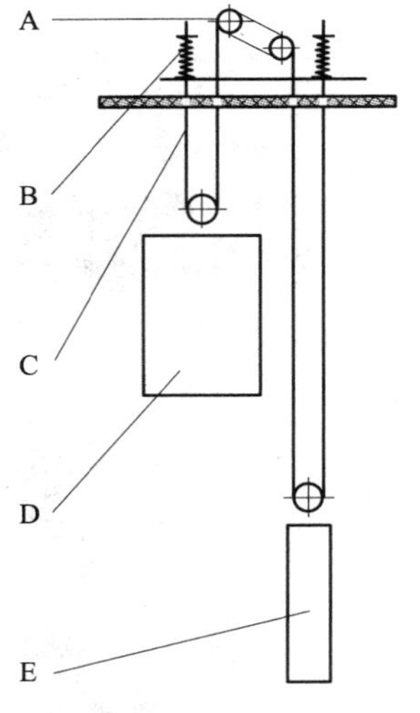

图 1-3-20 电梯曳引系统

根据曳引系统工作原理，从“限速器、曳引机、导轨、安全钳、层门、轿门、钢丝绳、绳头、对重、轿厢”中选择正确的名称填入表 1-3-47 中，并解释各个设备的作用。

表 1-3-47 电梯曳引系统的组成及作用

位置	描述	作用
A		
B		
C		
D		
E		

（2）重量平衡原理

1）对重原理

①对重装置（counterweight）是指由曳引绳经曳引轮与轿厢相连接，在曳引式电梯运行

过程中保持曳引能力的装置。对照图 1–3–21，查阅资料，写出对重质量 W、轿厢自重 G、电梯平衡系数 k、额定载荷 Q 之间的关系式。

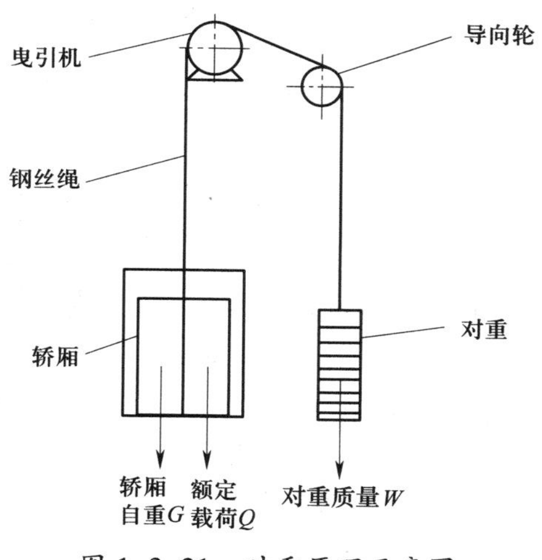

图 1–3–21　对重原理示意图

②现有一电梯，其轿厢自重 1 000 kg，额定载重 800 kg，电梯平衡系数为 0.5，对重装置应设置为多重?

③现有一电梯，其轿厢自重为 1 000 kg，额定载荷为 1 000 kg，对重质量为 1 450 kg，其平衡系数应为多少?

④楼层较高（如超过 30 m）时，图 1–3–21 中的钢丝绳的质量会影响什么？如何解决？

2）曳引绳绕法

电梯曳引绳曳引比（hoist rope ratio of lift）是指悬吊轿厢的钢丝绳根数与曳引轮轿厢侧下垂的钢丝绳根数之比。曳引绳按不同的曳引比有多种绕法。常见的曳引比有 1∶1、2∶1 和 3∶1，观察表 1–3–48 中的图示，补充表中内容。

表 1–3–48 曳引绳绕法

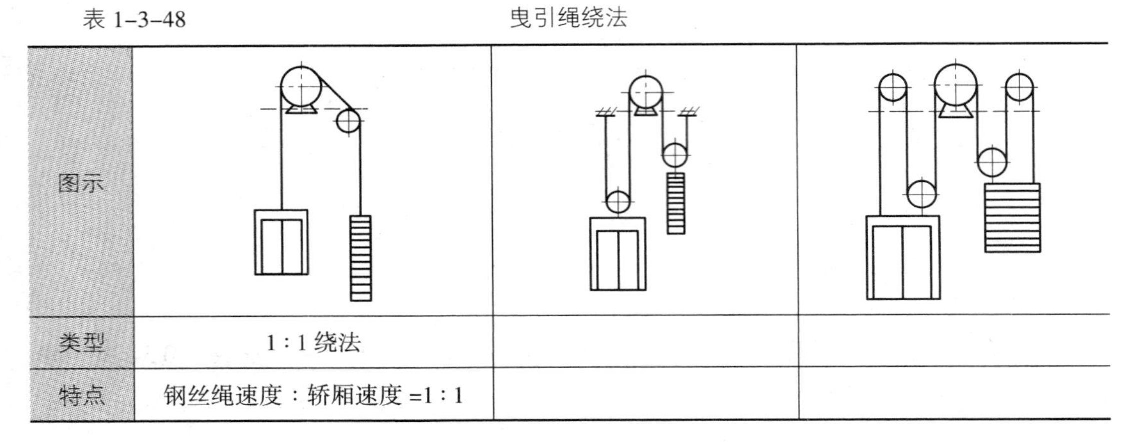

图示			
类型	1∶1 绕法		
特点	钢丝绳速度∶轿厢速度 =1∶1		

3）曳引传动关系

①查阅资料，结合图 1–3–22，写出曳引力的计算式。

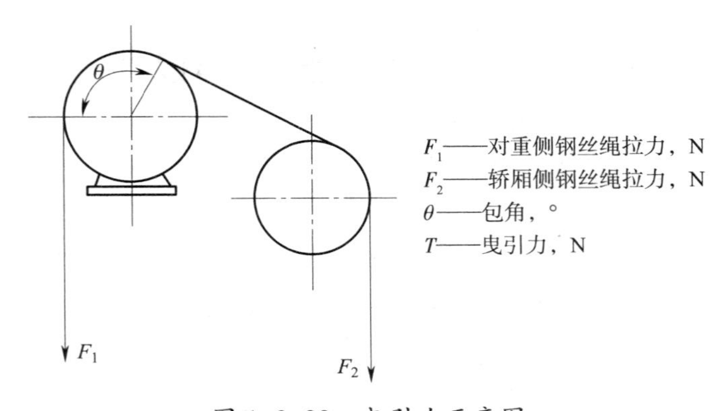

图 1–3–22 曳引力示意图

②增大曳引力的途径有哪些？

4）判断曳引机电动机的工作状态

电梯运行示意图如图 1-3-23 所示，判断以下情况时曳引机电动机的工作状态。

①电梯空载、匀速上行时，曳引机电动机处于驱动（做功）状态还是发电状态？为什么？

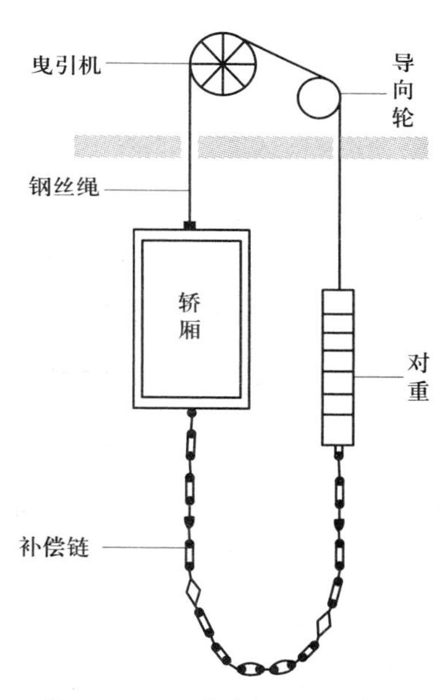

图 1-3-23　电梯运行示意图

②电梯 2/3 载荷、匀速下行时，曳引机电动机处于驱动（做功）状态还是发电状态？为什么？

（3）平层标记（表 1-3-49）

表 1-3-49 平层标记识别

钢丝绳号					层站数
5	4	3	2	1	
			I	I	
			I		
	I	I		I	
I				I	
	I	I			
I			I	I	
	I		I	I	

（4）电梯紧急救援机制

当电梯出现紧急状况（如困人）时，需要保证快速、专业地救援，因此应进行及时的紧急救援演练。从“直接开门、迅速离开、电工救援、电梯支援公司救援、消防救援、维保电梯公司救援、安抚乘客、等待救援、物业救援、自我救援”中选择正确的词语填写到图 1-3-24 中的横线上。

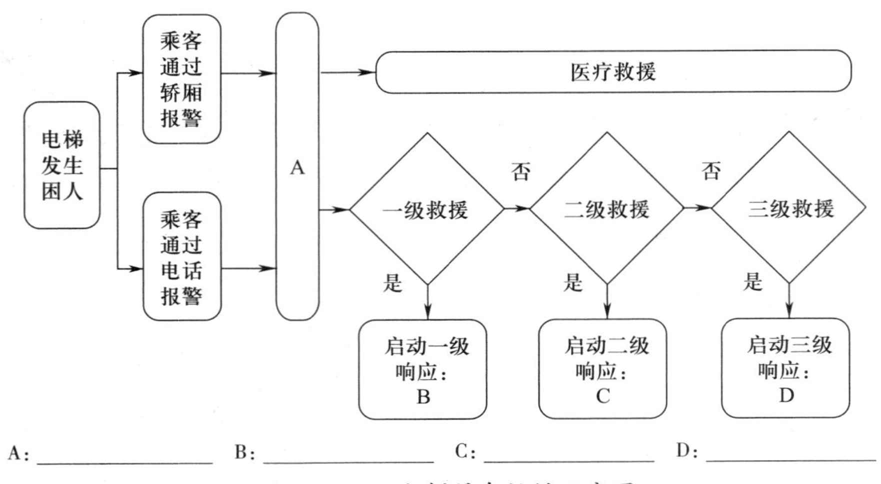

图 1-3-24 电梯紧急救援示意图

（5）电梯救人步骤

查阅资料，了解电梯救人的步骤，从“电梯正常运行救人、盘车救人、安全窗救人、安全门救人、强制打开门救人、自救”中选择正确的词语填写到图 1-3-25 中的横线上。

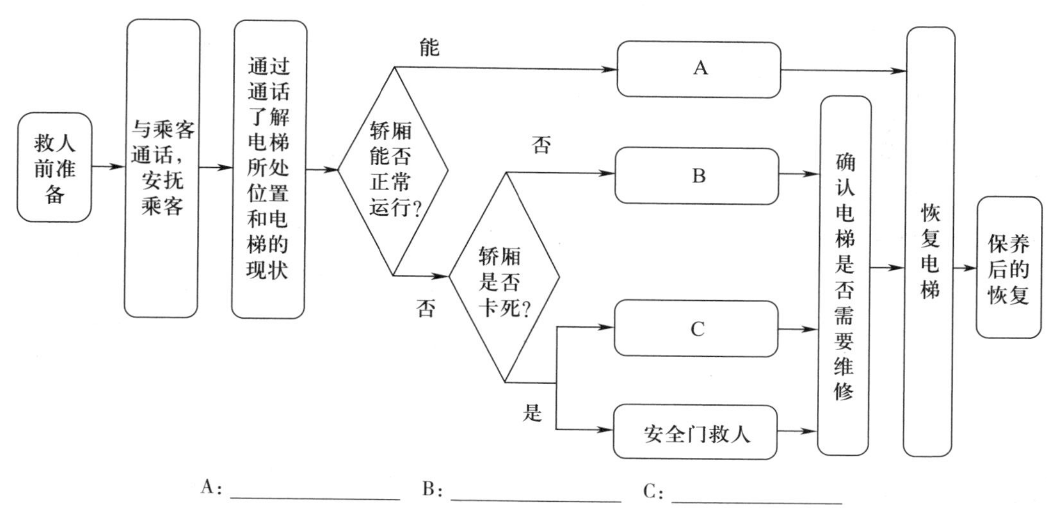

A：________　B：________　C：________

图 1-3-25　电梯救人步骤示意图

2．实施紧急救援演练

（1）安抚乘客、了解电梯状况（表 1-3-50）

表 1-3-50　了解被困现场状况

图示及步骤描述	实施技术要求	实施记录
 通过电梯五方通话或其他方式与乘客取得联系，安抚乘客	1．安抚乘客； 2．通过乘客了解人员情况和电梯故障情况； 3．告知乘客“我们是电梯专业救援人员，请您不要着急，我们马上开始对您进行救援，请远离电梯门，耐心等待！”	1．安抚乘客： □已完成 2．了解被困人数： □已完成

（2）设置护栏（表 1–3–51）

表 1–3–51 设置护栏

图示	实施技术要求	实施记录
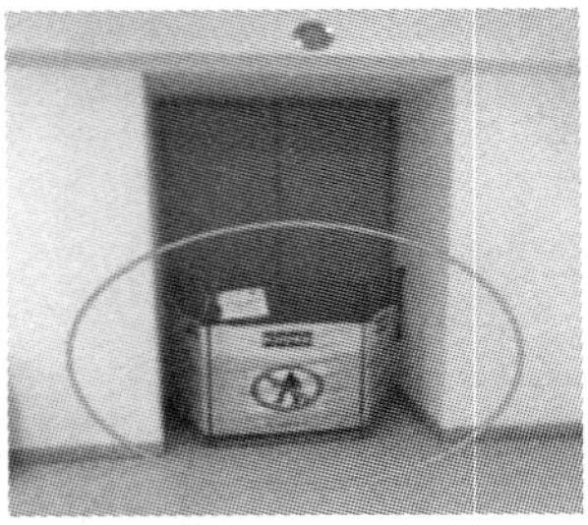	护栏将层门完全围住	设置护栏： □已完成

（3）断开电源（表 1–3–52）

表 1–3–52 断开电源

图示及步骤描述	实施技术要求	实施记录
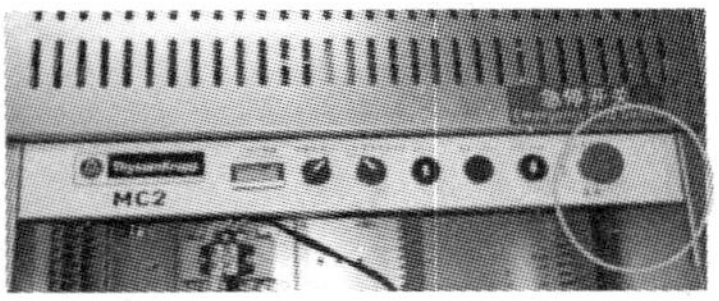 1．打开控制柜急停开关	控制柜急停开关打开	打开控制柜急停开关： □已完成
 2．断开控制柜电源	侧身操作，断开控制柜电源	断开控制柜电源： □已完成

续表

图示及步骤描述	实施技术要求	实施记录
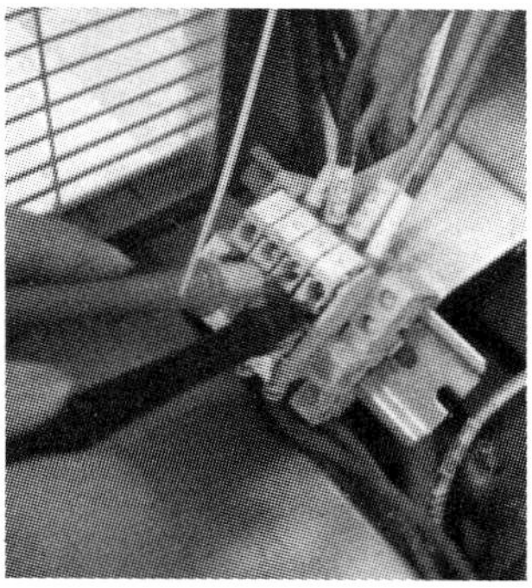 3. 检查控制柜电源是否断开，并上锁牌	相电压、线电压均为0	1. 检查相电压，为________ 2. 检查线电压，为________ 3. 上锁牌： □已完成
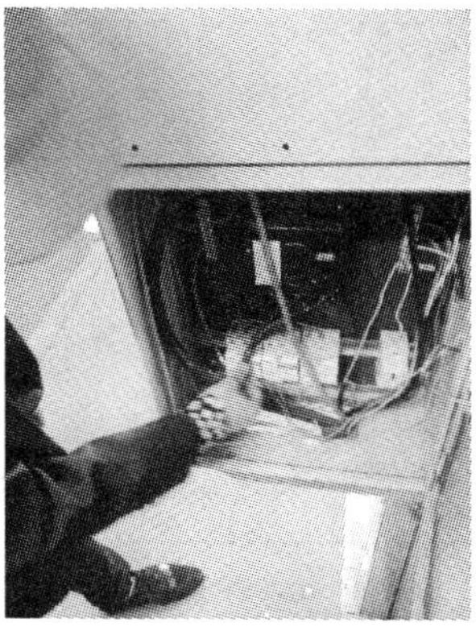 4. 打开井道照明、断开控制柜主电源	侧身操作，打开照明开关，断开电源箱主电源开关	1. 打开照明开关： □已完成 2. 断开电源箱主电源开关： □已完成
5. 检查电源箱电源已断开，并上锁牌	相电压、线电压均为0	1. 检查相电压，为________ 2. 检查线电压，为________ 3. 上锁牌： □已完成

（4）检查电梯平层情况（表 1–3–53）

表 1–3–53　检查电梯平层情况

图示及步骤描述	实施技术要求	实施记录
1. 用三角钥匙开启困人（楼层）附近楼层的层门	按照标准层门开启方法开门 （注意层门开门的操作较为危险，本部分暂不实际操作，将在后续内容中学习）	用三角钥匙打开层门（模拟）： □已完成
2. 查看平层标记	读取平层标记	1. 指出平层标记的位置： □已完成 2. 现场读出楼层的数据，为： ________
3. 通过门缝观察轿厢位置	确认轿厢位置以便选择适当的救援方式，处于平层位置或偏差在 ±200 mm 以内时，即可直接开门救人，否则需采用其他方式	观察轿厢的位置： □合适　□过高　□过低

（5）根据电梯状况、判定电梯救援方式（表 1–3–54）

表 1–3–54　判定电梯救援方式

步骤描述	实施技术要求	实施记录
根据以下信息判定救援方式： 1. 物业反映情况； 2. 乘客反映情况； 3. 电梯故障代码； 4. 平层信息； 5. 其他信息	正确判定采用以下哪种救援方式： 1. 正常救人； 2. 安全窗、安全门救人； 3. 直接开门救人； 4. 紧急电动救人； 5. 盘车救人	选择救人的方式： 1. 正常救人 □ 2. 安全窗、安全门救人 □ 3. 直接开门救人 □ 4. 紧急电动救人 □ 5. 盘车救人 □

（6）直接开门救人（表 1–3–55）

表 1–3–55　　直接开门救人

图示及步骤描述	实施技术要求	实施记录
打开层门，直接救人	轿厢处于平层位置，或偏差在 ±200 mm 以内时采用此方法	1. 告知乘客远离层门： □已完成 2. 用三角钥匙完全打开层门： □已完成 3. 合理引导将乘客救出： □已完成

（7）紧急电动救人（表 1–3–56）

表 1–3–56　　紧急电动救人

图示及步骤描述	实施技术要求	实施记录
1. 告知乘客现在开始救援	向乘客告知以下内容： 1. 我们马上开始救援； 2. 请您远离电梯门； 3. 电梯会移动，请您不必慌张； 4. 请您耐心等待	与乘客开展沟通： □已完成
2. 恢复电梯电源箱主电源开关	打开电梯电源箱主电源开关	恢复电梯电源箱主电源开关： □已完成
3. 恢复控制柜主电源开关	打开控制柜主电源开关	恢复控制柜主电源开关： □已完成

续表

图示及步骤描述	实施技术要求	实施记录
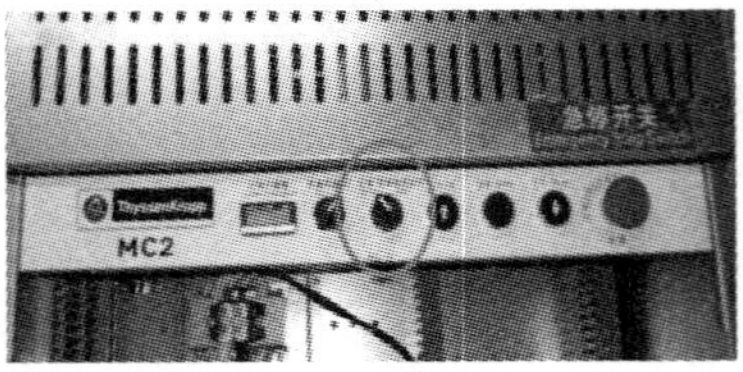 4．切换至紧急电动状态	切换紧急电动开关至紧急电动状态	切换紧急电动开关： □已完成
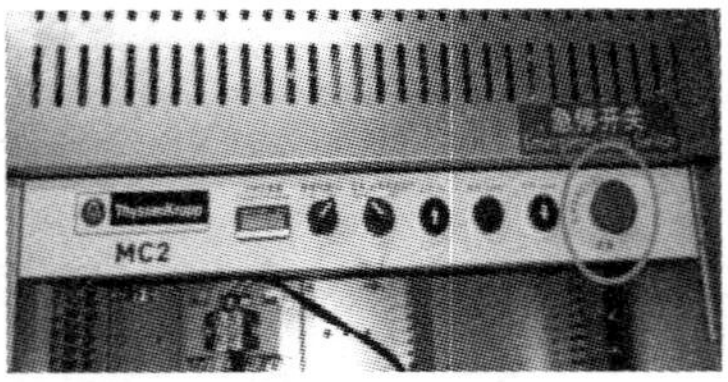 5．恢复急停开关	恢复急停开关	恢复急停开关： □已完成
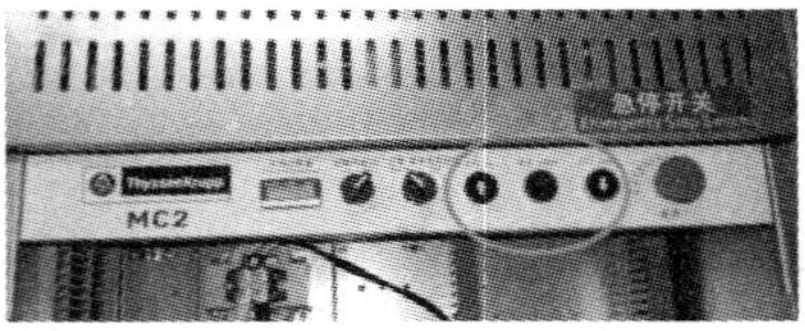 6．紧急电动运行	紧急电动运行至合适位置	紧急电动运行： □已完成
 7．开门救人	按标准层门开启方法操作 （注意层门开门的操作较为危险，本部分暂不实际操作，将在后续内容中学习）	开门救出乘客（模拟）： □已完成

（8）盘车救人（表 1–3–57）

表 1–3–57　　盘车救人

图示及步骤描述	实施技术要求	实施记录
1．告知乘客现在开始救援	向乘客告知以下内容： 1．我们马上开始救援； 2．请您远离电梯门； 3．电梯会移动，请您不必慌张； 4．请您耐心等待	与乘客开展沟通： □已完成
2．检查电源状况	确认照明、风扇等电源已打开，主电源已断开	1．确认照明打开： □已完成 2．确认风扇打开： □已完成 3．确认电源箱主电源断开： □已完成
3．盘车	1．两人相互配合； 2．采用间断式移动	开展盘车救援： □已完成
4．停梯维修	按相关规范进行停梯维修	开展停梯维修： □已完成

七、实施电梯复位

1．复位电梯

依据企业工作流程，按照电梯机房保养工作的要求，保养实施结束后，进行电梯试运行 6 次，确认电梯是否正常，试运行正常后，清理现场。

2．填写电梯机房保养单

复位电梯后，通过总结，填写电梯机房保养单（表 1–3–58），工作人员对保养质量进行检查并签字确认，将电梯机房保养单提交物业管理人员（物业管理人员进一步对电梯机房保养进行评价、审核，并签字确认），离开工作现场，归还工具、材料、仪器，确认电梯能正常工作、物料已归位。

表 1–3–58　　电梯机房保养单

用户	建设花园	地址	地址	×× 市 ×× 区人民路 10 号	
联系人	王东	电话	1352355××××	电梯型号	TKJ 1000/1.75–JXW
梯号	KT1	保养日期		保养单号	BE2017–JS–KT1–0501
保养人		层站数	15		

电梯维保项目及其记录

序号	维保项目（内容）	要求	记录	备注
1	机房、滑轮间环境	清洁，门窗完好，照明正常		
2	手动紧急操作装置	齐全，在指定位置		
3	制动器各销轴部位	润滑，动作灵活		
4	制动器间隙	打开时制动衬与制动轮不应发生摩擦		
5	限速器各销轴部位	润滑，转动灵活；电气开关正常		
6	减速机润滑油	油量适宜，除蜗杆伸出端外均无渗漏		
7	制动衬	清洁，磨损量不超过制造单位要求		
8	曳引轮槽、曳引钢丝绳	清洁，无严重油污，张力均匀		
9	限速器轮槽、限速器钢丝绳	清洁，无严重油污		
10	电动机与减速机联轴器螺栓	无松动		
11	曳引轮、导向轮轴承部	无异常声，无振动，润滑良好		
12	制动器上检测开关	工作正常，制动器动作可靠		
13	控制柜内各接线	各接线紧固、整齐，线号齐全、清晰		
14	曳引绳绳头组合	螺母无松动		
审核意见	□好　□较好　□一般　□差			

保养人签字： 年　月　日	用户签字： 年　月　日

学习活动4　工作总结与评价

学习目标

1. 能按分组情况，派代表展示工作成果，说明本次任务的完成情况，并做分析总结。

2. 能结合任务完成情况，正确规范地撰写工作总结。

3. 能就本次任务中出现的问题提出改进措施。

4. 能对学习与工作进行反思总结，并能与他人开展良好合作，进行有效沟通。

建议学时　6学时

学习过程

一、个人、小组评价

以小组为单位，选择演示文稿、展板、海报、视频等形式中的一种或几种，向全班展示、汇报工作成果。在展示的过程中，以小组为单位进行评价；评价完成后，根据其他小组成员对本组展示成果的评价意见进行归纳总结。

汇报设计思路：

其他小组成员的评价意见：

二、教师评价

认真听取教师对本小组展示成果优缺点以及在完成任务过程中出现的亮点和不足的评价意见，并做好记录。

1．教师对本小组展示成果优点的点评。

2．教师对本小组展示成果缺点及改进方法的点评。

3．教师对本小组在整个任务完成过程中出现的亮点和不足的点评。

三、工作过程回顾及总结

1．在团队学习过程中，项目负责人给你分配了哪些工作任务？你是如何完成的？还有哪些需要改进的地方？

2．总结完成任务过程中遇到的问题和困难，列举 2 ～ 3 点你认为比较值得和其他同学分享的工作经验。

3．回顾本学习任务的工作过程，对新学专业知识和技能进行归纳和整理，撰写工作总结。

评价与分析

按照客观、公正和公平原则，在教师的指导下按自我评价、小组评价和教师评价三种方式对自己或他人在本学习任务中的表现进行综合评价。综合等级按：A（90 ~ 100）、B（75 ~ 89）、C（60 ~ 74）、D（0 ~ 59）四个级别进行填写。

学习任务综合评价表

<table>
<tr><th rowspan="2">考核项目</th><th rowspan="2">评价内容</th><th rowspan="2">配分（分）</th><th colspan="3">评价分数</th></tr>
<tr><th>自我评价</th><th>小组评价</th><th>教师评价</th></tr>
<tr><td rowspan="6">职业素养</td><td>劳动防护用品穿戴完备，仪容仪表符合工作要求</td><td>5</td><td></td><td></td><td></td></tr>
<tr><td>安全意识、责任意识强</td><td>6</td><td></td><td></td><td></td></tr>
<tr><td>积极参加教学活动，按时完成各项学习任务</td><td>6</td><td></td><td></td><td></td></tr>
<tr><td>团队合作意识强，善于与人交流和沟通</td><td>6</td><td></td><td></td><td></td></tr>
<tr><td>自觉遵守劳动纪律，尊敬师长，团结同学</td><td>6</td><td></td><td></td><td></td></tr>
<tr><td>爱护公物，节约材料，管理现场符合 6 S 标准</td><td>6</td><td></td><td></td><td></td></tr>
<tr><td rowspan="3">专业能力</td><td>专业知识扎实，有较强的自学能力</td><td>10</td><td></td><td></td><td></td></tr>
<tr><td>操作积极，训练刻苦，具有一定的动手能力</td><td>15</td><td></td><td></td><td></td></tr>
<tr><td>技能操作规范，工作效率高</td><td>10</td><td></td><td></td><td></td></tr>
<tr><td rowspan="2">工作成果</td><td>任务完成规范，质量高</td><td>20</td><td></td><td></td><td></td></tr>
<tr><td>工作总结符合要求</td><td>10</td><td></td><td></td><td></td></tr>
<tr><td colspan="2">总分</td><td>100</td><td></td><td></td><td></td></tr>
<tr><td rowspan="2">总评</td><td rowspan="2">自我评价 ×20%+ 小组评价 ×20%+ 教师评价 ×60%=</td><td>综合等级</td><td colspan="3" rowspan="2">教师（签字）：</td></tr>
<tr><td></td></tr>
</table>

学习任务二　电梯井道检查、清洁与润滑

学习目标

1. 能明确工作任务，准确填写电梯井道保养相关表单、记录。

2. 能描述电梯井道部件的种类、组成、结构、作用和工作原理。

3. 能描述电梯控制系统的组成和运行原理。

4. 能正确分析轿厢平层原理。

5. 能描述电梯井道保养工具的功能，并能正确使用。

6. 熟悉电梯安全技术人员安全基本规程、电梯井道作业安全规程和电梯安全标识，并能在工作中遵守执行。

7. 能根据任务要求设置井道保养前的电梯，开展轿顶设备、底坑设备的检查、清洁与润滑，开展安全上下轿顶设备和安全进出底坑设备的检查。

8. 能正确填写相关技术文件，完成电梯井道检查、清洁与润滑的技术总结。

54 学时

工作情境描述

某小区设有一台 TKJ 1000/1.75–JXW 型 2∶1 有机房乘客电梯，按照该小区物业与电梯维保公司合同要求，需要对该电梯井道开展例行保养。维保组长向电梯保养工作人员下发本月的电梯井道保养信息表，电梯保养工作人员需根据信息表确定本次电梯井道例行保养任务，按照电梯保养合同、国家行业相关规定和企业相关标准，在 6 小时内完成该电梯井

道例行保养，并填写相关表单、记录。

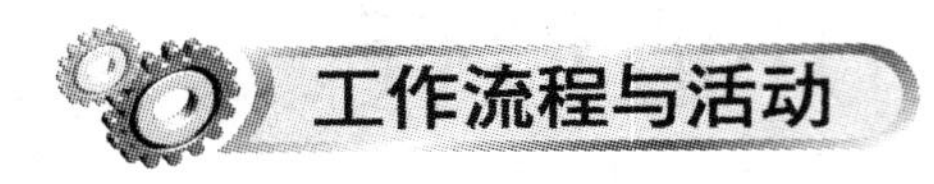

学习活动 1　明确工作任务（4 学时）

学习活动 2　例行保养前的准备（2 学时）

学习活动 3　例行保养实施（42 学时）

学习活动 4　工作总结与评价（6 学时）

学习活动 1　明确工作任务

学习目标

1. 能明确工作地点、工作时间和工作内容等要求，并准确填写电梯井道保养相关表单、记录。

2. 能描述梯井道的布置方式和特点。

3. 能描述电梯井道的结构、组成和各部件的作用。

建议学时　4 学时

学习过程

一、明确工作任务

根据企业工作流程要求，查阅学习任务一中的电梯保养计划表（表 1–1–1）和电梯保养单（表 1–1–2），对电梯井道保养信息进行归类、分析和整理，并填写电梯井道保养信息表（表 2–1–1）。

表 2–1–1　电梯井道保养信息表

一、工作人员信息			
保养人		时间	20× × 年 3 月 11 日
二、电梯基本信息			
电梯代号	KT1	电梯型号	TKJ1000/1.75–JXW
用户单位	建设花园	用户地址	× × 市 × × 区人民路 10 号
联系人	王东	联系电话	1352355 × × × ×

续表

三、工作内容

序号	保养项目	序号	保养项目
1	轿顶	11	缓冲器
2		12	
3		13	
4		14	层门、轿门门扇
5	井道照明	15	对重缓冲距
6		16	
7		17	
8		18	
9	层门、轿门系统中的传动钢丝绳、链条、胶带	19	
10	上下极限开关		

二、认识电梯井道

1．电梯井道

如图 2–1–1 所示，电梯由机房、井道、轿厢和层站组成，其中电梯井道（well）是保证轿厢、对重和液压缸柱塞安全运行所需的建筑空间，由井道壁、井道顶面和底面组成，通常位于建筑物的内部，一般是由混凝土、砖或钢结构构成。写出图中 A、B、C 分别所指的结构名称。

A：________________________________

B：________________________________

C：________________________________

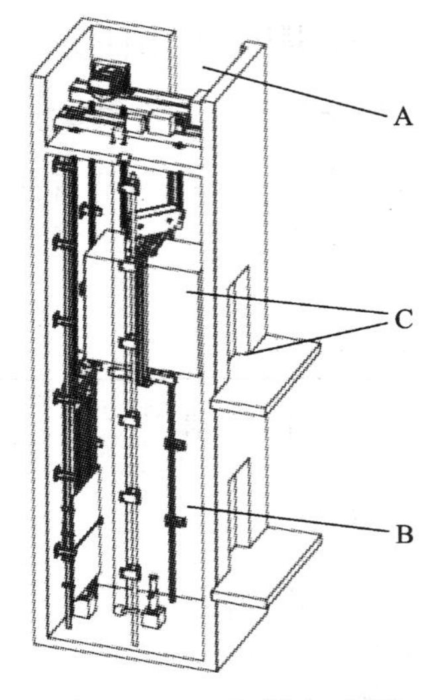

图 2–1–1　电梯立面图

2．电梯井道布置方式和特点

常见电梯井道布置方式的特点包括有机房、无机房、对重后置、对重侧置等，在表 2–1–2 和表 2–1–3 中，写出图示的布置方式。

（1）按机房位置分

表 2–1–2　　电梯井道布置方式按机房位置分类

项目	内容	
图示	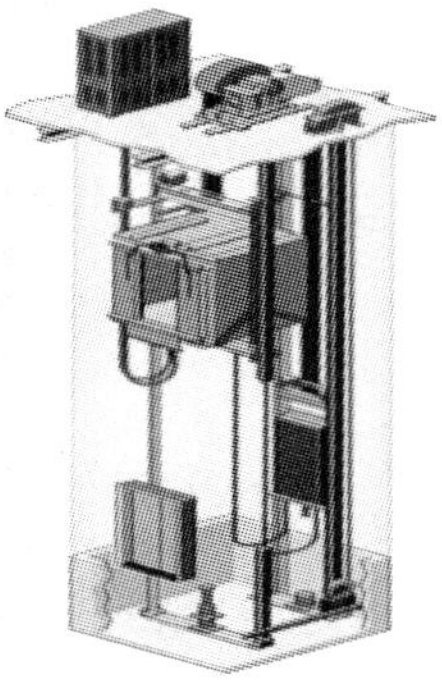	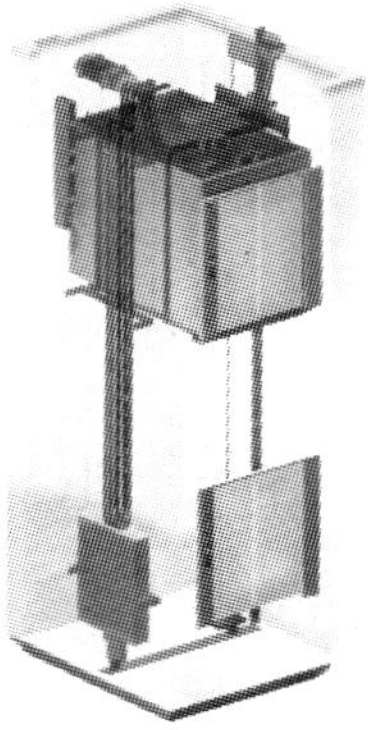
机房类型		

（2）按对重位置分

表 2–1–3　　电梯井道布置方式按对重位置分类

项目	内容	
图示	对重 轿厢 井道壁 层门	对重 轿厢 井道壁 层门
机房类型		

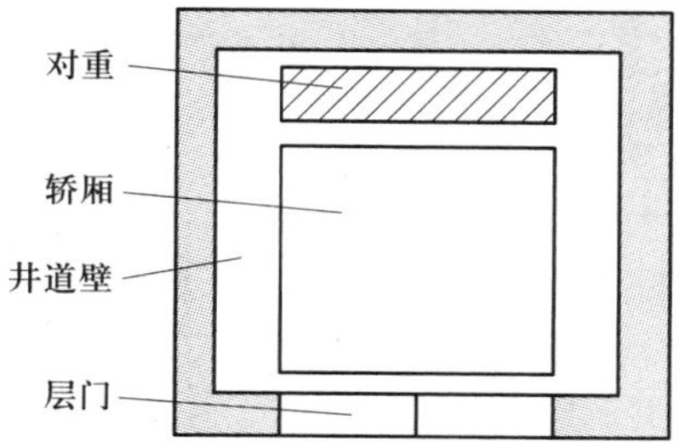

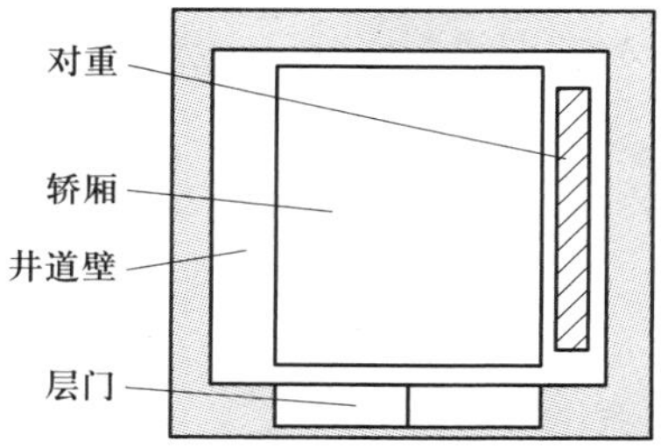

3．电梯井道相关尺寸

井道布置的相关尺寸有井道高度、顶层高度、门洞高、提升高度、层楼间距、底坑深度、井道深度、井道宽度、门洞宽度等，写出图 2–1–2 中各个字母所指代的尺寸名称。

4．电梯井道组成和各部件的作用

电梯井道主要由对重导轨、对重、对重缓冲器、限速器张紧装置、轿厢缓冲器、轿厢导轨、层门、轿厢等组成。在表 2–1–4 中写出图 2–1–3 中各个字母所指代的部件名称，并解释其作用。

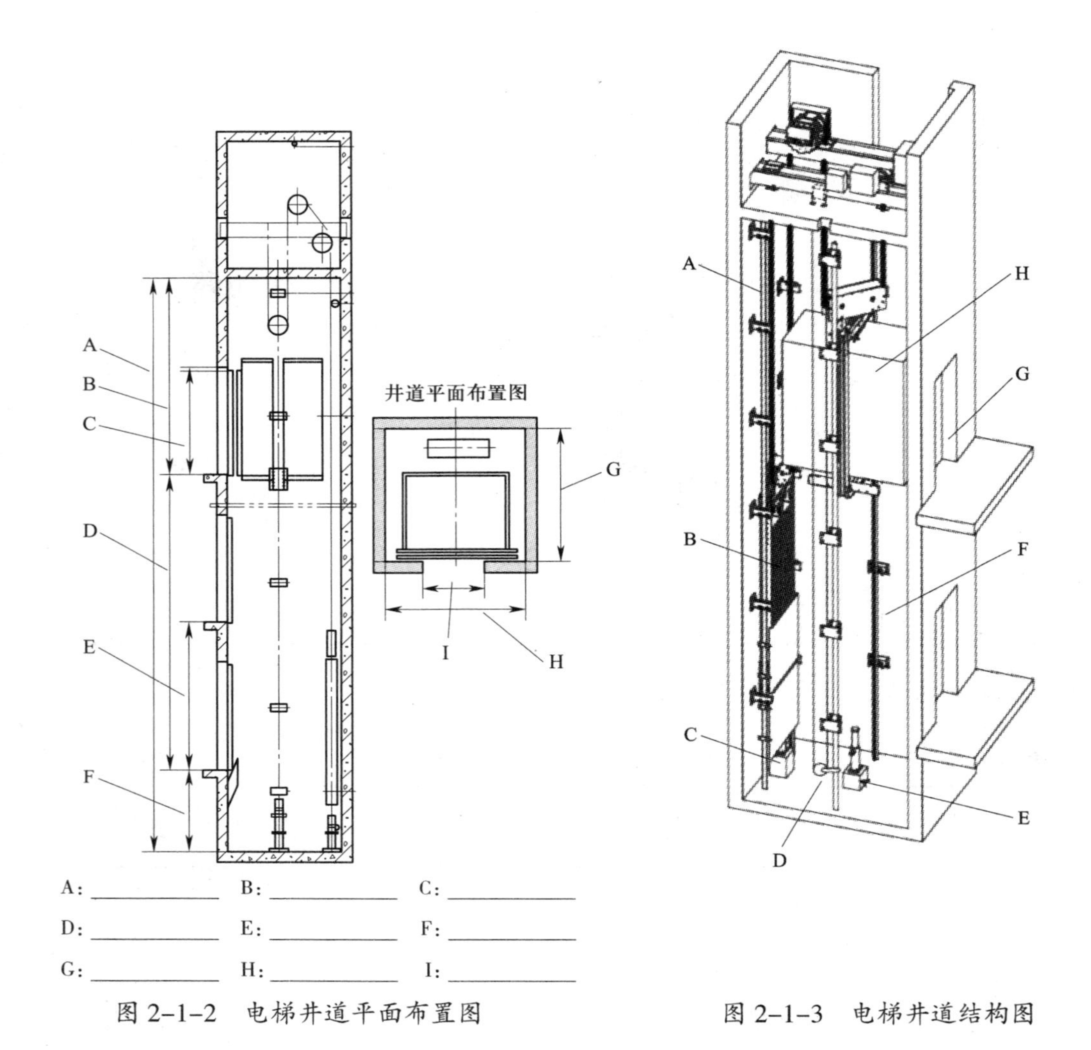

图 2-1-2 电梯井道平面布置图

图 2-1-3 电梯井道结构图

表 2-1-4 电梯井道的部件及其作用

位置	名称	作用
A		
B		
C		
D		
E		
F		
G		
H		

学习活动 2　例行保养前的准备

学习目标

1. 能填写电梯井道保养安排表。
2. 能编制电梯井道保养沟通信息表。

建议学时　2 学时

学习过程

一、填写电梯井道保养安排

根据电梯井道保养任务要求，查阅电梯书籍、电梯保养资料、电梯维保手册、电梯保养单、相关国家或行业标准、相关规则，对上述资料进行分析、总结，整理电梯基本信息（电梯参数、物业信息、工作时间、实施人员）、保养内容（保养项目、技术参数）和材料清单，填写电梯井道保养安排表（表 2-2-1）。

表 2-2-1　　电梯井道保养安排表

一、工作人员信息			
保养人		时间	20×× 年 3 月 11 日
二、电梯基本信息			
电梯代号	KT2	电梯型号	TKJ1000/1.75–JXW
用户单位	建设花园	用户地址	×× 市 ×× 区人民路 10 号
联系人	王东	联系电话	1352355××××

续表

三、工作内容及技术要求

序号	工作内容	备注
1	轿顶	清洁，安装牢固
2	轿顶检修开关、急停开关	工作正常
3	导靴上油杯	吸油毛毡齐全，油量适宜，油杯无泄漏
4	对重块及其压板	对重 / 平衡重块无松动，压板紧固
5	井道照明	齐全，正常
6	轿厢检修开关、急停开关	工作正常
7	轿厢照明、风扇、应急照明	工作正常
8	底坑环境	清洁，无渗水、积水，照明正常
9	底坑停止装置（急停开关）	工作正常
10	靴衬、滚轮	清洁，磨损量不超过制造单位要求
11	耗能缓冲器	电气安全装置功能有效，油量适宜，柱塞无锈蚀
12	限速器张紧装置和电气安全装置	工作正常
13	井道、对重、轿顶各反绳轮轴承部	无异常声响，无振动，润滑良好
14	悬挂装置、补偿绳	磨损量、断丝数不超过要求
15	对重缓冲器距离	符合标准值
16	补偿链（绳）与轿厢、对重结合处	固定，无松动
17	上、下极限开关	工作正常
18	五方通话功能	工作正常
19	轿顶检修操作箱	清洁，工作正常
20	底坑检修操作箱	清洁，工作正常

四、物料要求

序号	物料名称	数量	规格	备注
1	安全帽	1		
2	工作服	1		

续表

序号	物料名称	数量	规格	备注
3	安全鞋	1		
4	安全带	1		
5	护栏	1		
6	挂牌	2		
7	三角钥匙	1		
8	顶门器	2		
9	十字旋具	1		
10	一字旋具	1		
11	活动扳手	1		
12	塞尺	1		
13	线坠（线锤）	1		
14	卷尺	1		
15	直尺	1		
16	角尺	1		
17	万用表	1		
18	游标卡尺	1		
19	推拉力计	1		
20	刷子	2		
21	黄油	1		
22	WD40 除锈剂	1		
23	导轨润滑油	1		
24	扭力扳手	1		

五、人员实施进度安排

序号	任务	预计完成时间	参与人	负责人
1	认识电梯井道		全体	
2	明确电梯井道保养任务		全体	
3	填写电梯井道保养安排		全体	

续表

序号	任务	预计完成时间	参与人	负责人
4	编制电梯井道保养沟通信息表		全体	
5	准备电梯井道保养		全体	
6	检查电梯井道保养物料		全体	
7	准备电梯井道保养实施		全体	
8	实施安全上下轿顶相关设备检查		全体	
9	实施轿顶及相关设备保养		全体	
10	实施安全进出底坑相关设备检查		全体	
11	实施底坑设备保养		全体	
12	实施电梯复位		全体	
13	总结反馈电梯井道例行保养		全体	
14	验收评价		全体	

二、编制电梯井道保养沟通信息表

根据企业工作流程要求，查阅电梯井道保养的要求，对相关信息进行分析、整理，就保养电梯名称、工作时间、保养内容、实施人员和需要物业配合的内容等确定沟通事项，编制电梯井道保养沟通信息表（表 2–2–2），并向物业管理人员告知电梯井道保养任务，保障电梯井道保养工作顺利开展。

表 2–2–2　　　　电梯井道保养沟通信息表

<table>
<tr><td colspan="4">一、基本信息</td></tr>
<tr><td>用户单位</td><td>建设花园</td><td>用户地址</td><td>× × 市 × × 区人民路 10 号</td></tr>
<tr><td>联系人</td><td>王东</td><td>联系电话</td><td>1352355 × × × ×</td></tr>
<tr><td>沟通形式</td><td colspan="3">□电话　　□面谈　　□电子邮件　　□传真</td></tr>
<tr><td colspan="4">二、沟通内容</td></tr>
<tr><td>电梯型号</td><td>TKJ1000/1.75–JXW</td><td>工作时间</td><td></td></tr>
<tr><td>工作内容</td><td colspan="3">1. 安全上下轿顶设备检查；
2. 轿顶设备例行保养；
3. 安全进出底坑设备检查；
4. 底坑设备例行保养</td></tr>
</table>

续表

配合内容	1．安全上下轿顶设备检查 （1）时间：9：00–10：00 （2）人员：物业工作人员 1 人 （3）物料：机房钥匙、护栏 2．轿顶设备例行保养 （1）时间：10：00–12：00 （2）人员：物业工作人员 1 人 （3）物料：机房钥匙、护栏 3．安全进出底坑设备检查 4．底坑设备例行保养

学习活动3　例行保养实施

学习目标

1. 能描述电梯井道保养的安全注意事项。

2. 能描述轿厢、轿顶设备、轿顶检修控制箱的组成。

3. 能描述层门门锁、风机、导轨、导靴、钢丝绳、对重装置、轿厢平层装置、井道极限开关、缓冲器、限速器张紧装置、安全钳等的类型、结构和作用。

4. 能根据工作任务中的清单准备工具及材料，能描述井道保养工具的功能并正确操作。

5. 能完成井道保养前的设置。

6. 能完成轿顶及相关设备、底坑设备的检查、清洁与润滑。

7. 能完成安全上下轿顶设备和安全进出底坑设备的检查。

8. 能按要求规范填写井道保养单。

建议学时　42学时

学习过程

一、填写电梯井道保养物料单

根据保养工作流程要求，查看电梯井道保养安排表的内容，查看、核对物料的项目、数量和型号，填写电梯井道保养物料单（表2–3–1），为物料领取提供凭证。

表 2-3-1　　电梯井道保养物料单

保养人			时间	20××年3月11日		
用户单位	建设花园		用户地址	××市××区人民路10号		
序号	物料名称	数量	规格	领取	归还	归还检查
1	安全帽	1				□完好　□损坏
2	工作服	1				□完好　□损坏
3	安全鞋	1				□完好　□损坏
4	安全带	1				□完好　□损坏
5	护栏	1				□完好　□损坏
6	挂牌	2				□完好　□损坏
7	三角钥匙	1				□完好　□损坏
8	顶门器	2				□完好　□损坏
9	十字旋具	1				□完好　□损坏
10	一字旋具	1				□完好　□损坏
11	活动扳手	1				□完好　□损坏
12	塞尺	1	13片			□完好　□损坏
13	线坠（线锤）	1	6 m			□完好　□损坏
14	卷尺	1	5 m			□完好　□损坏
15	直尺	1	300 mm			□完好　□损坏
16	角尺	1	200 mm			□完好　□损坏
17	万用表	1	数字万用表			□完好　□损坏
18	游标卡尺	1	150 mm			□完好　□损坏
19	推拉力计	1				□完好　□损坏
20	刷子	2				□完好　□损坏
21	黄油	1				□完好　□损坏
22	WD40除锈剂	1				□完好　□损坏
23	导轨润滑油	1				□完好　□损坏
24	扭力扳手	1	40 ~ 280 N·m			□完好　□损坏
保养人员发放签字： 年　月　日				发放人员归还签字： 年　月　日		

二、检查电梯井道保养物料

根据保养工作流程要求，查看电梯井道保养物料单的内容，与电梯保养物料备货处工作人员进行沟通，从电梯保养物料备货处领取相关物料（工具、材料和仪器），在教师指导下，了解相关工具和仪器的使用方法，检查工具（推拉力计、游标卡尺）、仪器是否能正常使用，选择合适的材料（导轨润滑油），填写电梯井道保养物料检查记录。

1．井道保养物料

（1）游标卡尺

1）游标卡尺的组成

如图 2-3-1 所示，游标卡尺（vernier caliper）由滑尺尺框、深度尺、尺身、外爪、滑尺固定螺钉、主尺、游标（滑尺）、外爪组成，在表 2-3-2 中写出图 2-3-1 中各个数字所指代的组成部分的名称，并说明其作用。

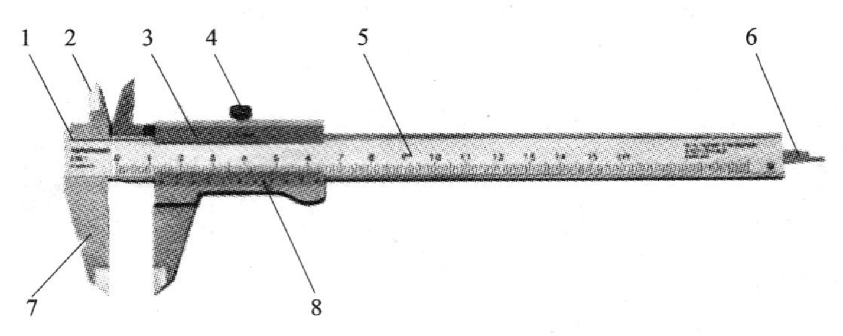

图 2-3-1　游标卡尺

表 2-3-2　游标卡尺的组成

位置	名称	作用
1	尺身	支撑卡尺
2		
3	滑尺尺框	支撑滑尺
4		
5		
6		
7		
8		

2）游标卡尺的测量原理

游标卡尺常见的用途包括外测量、内测量、台阶测量、深度测量，在表 2–3–3 中写出图示测量工作的名称，并描述其测量内容。

表 2–3–3　　游标卡尺的测量原理

图示	名称	测量内容
	外测量	测量工件的外宽度和外径

3）游标卡尺的读数

查阅相关资料，对照图 2–3–2，学习游标卡尺的读数方法，写出表 2–3–4 中各个图示的读数。

（2）推拉力计

1）推拉力计的类别

推拉力计（force gauge）是一种用于推力及拉力测试的力学测量仪器。推拉力计适用于机械、电子、电工、建筑、科研机构等行业的推拉负荷测试。

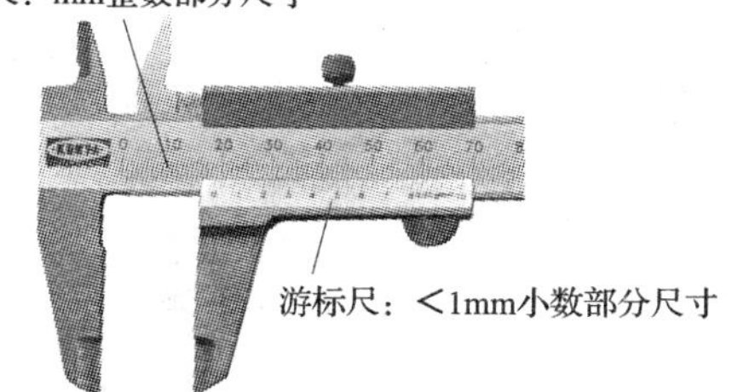

游标卡尺的读数=主尺读数+游标尺读数

游标尺读数=对齐的格数×游标读数精度

图 2–3–2　游标卡尺读数原理图

表 2–3–4　　　　　　　　　　　　游标卡尺的读数

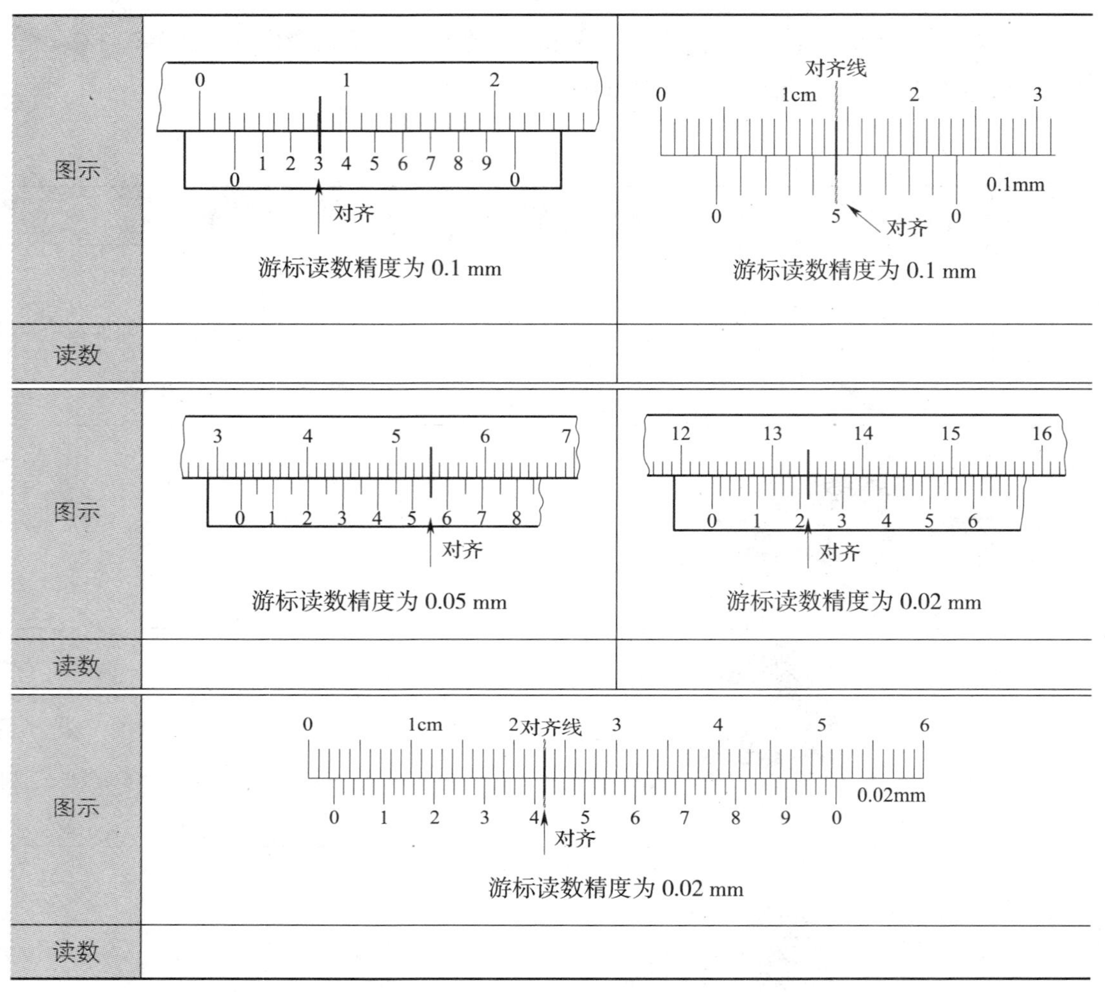

图示	游标读数精度为 0.1 mm	游标读数精度为 0.1 mm
读数		
图示	游标读数精度为 0.05 mm	游标读数精度为 0.02 mm
读数		
图示	游标读数精度为 0.02 mm	
读数		

推拉力计根据作用可分为普通推拉力计、张力计、拉力专用测试机、拉力试验机、拉力专用测试仪等；根据显示方式可分为指针式推拉力计、数显式推拉力计。观察表 2–3–5 中图示的推拉力计外观，将正确的名称填入表中。

表 2–3–5　　　　　　　　　　　　推拉力计的种类

项目	内容	
图示		
类别		

2）推拉力计的组成

①推拉力计的包装

观察表 2–3–6 中所示推拉力计包装图示，标出各个组成部分的名称所对应的位置。

表 2–3–6　　推拉力计包装

图示	名称	图中位置
A B C D	包装盒	
	延长杆	
	推拉压力计	
	推拉压力测量附件	

②推拉力计量具

对照图 2–3–3 和表 2–3–7 学习推拉力计量具各组成部分及其作用，在表 2–3–7 中写出图示字母所指代的组成部分的名称。

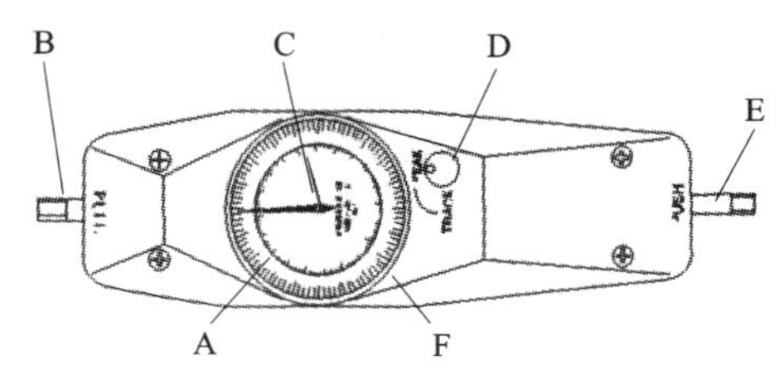

图 2–3–3　推拉力计量具

表 2–3–7　　推拉力计量具的结构

名称	功能及用法	图中位置
指针	指示测量结果	
刻度盘	标记刻度值，一般有 N 和 kg 两种计量单位 *	
切换旋钮	从荷重峰值（PEAK）到连续荷重值（TRACK）的切换：将切换旋钮轻轻地往下压同时往左方向转，使旋钮的“●”标记停在连续荷重值（TRACK）的位置上 从连续荷重值（TRACK）到荷重峰值（PEAK）的切换：将切换旋钮往右方向转，此时旋钮弹出，旋钮的“●”标记停在荷重峰值（PEAK）的位置上	

续表

名称	功能及用法	图中位置
推拉杆	将拉伸用夹具安装到推拉杆上标示拉（PULL）的一端	
刻度盘调整圈	首先确认指针是否对准刻度盘的零位。如果没有对准，应旋转刻度盘调整圈，刻度盘会随之动作，使指针对准零位	

*：kg 是质量的单位，不能用作力的单位，但在实际工作和产品中常使用此单位，其含义是所测量的力的大小与相应质量的物体在地面所承受的重力大小相同。

3）指针推拉力计的使用

根据推拉力计最大测量值的不同，推拉力计的规格型号有 10、20、30、50 等，分别对应最大测量值 10 N、20 N、30 N、50 N 等，见表 2–3–8。

表 2–3–8　　推拉力计规格

规格型号	10	20	30	50	100	200	300	500
最大测量值	10 N	20 N	30 N	50 N	100 N	200 N	300 N	500 N
	1 kg	2 kg	3 kg	5 kg	10 kg	20 kg	30 kg	50 kg
负荷分度值	0.05 N	0.1 N	0.2 N	0.25 N	0.5 N	1.0 N	2.0 N	2.5 N
	0.01 kg	0.02 kg	0.02 kg	0.05 kg	0.1 kg	0.2 kg	0.2 kg	0.5 kg

表 2–3–9 所示为测量预计 270 N 左右的拉力的步骤，从“0、1、2、50 N、100 N、150 N、左、右、一直线、内啮合齿轮、外啮合、齿轮齿条、渐开线齿轮传动、摆线齿轮传动、圆弧齿轮传动、最小值、最大值、测量对象、外观、平视、斜视、kg、N、PEAK、TRACK”中选择正确的词语将表中的说明补充完整，并写出正确的顺序。

表 2–3–9　　推拉力计的使用

步骤	图示	说明
A	PULL　PUSH	观察测量的要求，确认是测量拉力还是推力，根据不同的________选择相关的附件并进行安装

续表

步骤	图示	说明
B		检查推拉力计________： （1）是否有磨损； （2）是否有生锈； （3）刻度盘是否正常； （4）切换旋钮是否正常； （5）推拉杆运动是否灵活
C	× √ ×	读数时，眼睛要________指针，不要________，尽量减小读数误差。测力计的数值标注主要有两种，即________和________，注意不要混淆
	SUNDOO MODEL SN-300 CAPACITY 300N	如左图所示，其测量值为 75 N。若代入修正值 1 N，则其实际测量值为________N
D	PEAK TRACK	确认切换旋钮的挡位，根据不同的要求（测量最大力），将切换旋钮调至________。切换方法如下： （1）PEAK → TRACK：将旋钮轻轻地往下压后，同时往________方向旋转； （2）TRACK → PEAK：将旋钮往________方向旋转，此时旋钮不需要往下压。 测试后，若在 TRACK 挡，应将其复位至________挡，避免内部弹簧零件受到损坏
	PEAK TRACK	如左图所示，推拉力计处于________挡，该挡位主要用于测量________

续表

步骤	图示	说明
E	"0"对齐 TRACK PEAK	调整指针的位置，通过调整"刻度盘调整圈"，让指针指向"________"刻度
F	不正确的测试 正确的测试 不正确的测试	测量时，注意牢固地握住推拉力计或将推拉力计安装于合适的测试机台上进行测试。测试时应使被测试力和推拉力计的推拉杆成________
G		用标准________的标准砝码测量，观察显示值是否是 50 N，若不是，则： （1）换新的指针推拉力计； （2）若得到的值是51 N，计算差值为______，作为后面值的修正值

上述推拉力计使用的步骤中，正确的顺序是：

（3）导轨润滑油

1）常见润滑剂

润滑是指将一种具有润滑性能的物质加入摩擦副表面之间，以达到抗磨、减摩的作用。润滑的原理是给滑动的负荷提供一个减小摩擦的油膜。常见的润滑剂见表 2–3–10。

表 2–3–10 常见的润滑剂

润滑剂种类		润滑物质
液体润滑	动植物油	茶油、菜籽油、蓖麻油、鲸鱼油等
	矿物油	馏分矿物油、含添加剂馏分矿物油、残渣润滑油等
	合成油	脂类油、合成烃、聚醚、硅油、氟油、磷酸酯等
	水基油	水、乳化液、水乙二醇等

续表

润滑剂种类		润滑物质
润滑脂	皂基脂	锂基脂、钙基脂、钠基脂、铝基脂等
	烃基脂	工业凡士林等
	无机脂	膨润土脂、硅胶脂等
	有机脂	酰胺脂、聚脲脂等
固体润滑剂	软金属	铅、锡、锌、银、金、镉等
	金属软化物体	氧化铅、氟化钙、二硫化钼等
	无机物	石墨、氮化硼等
	有机物	聚四氯乙烯、尼龙、酚醛树脂等
气体润滑剂		空气、氦气、氢气等

查阅资料，从表 2-3-10 中选出电梯保养常用的润滑剂。

2）润滑油脂特性

①黏度的定义是什么？

②黏度系数的定义是什么？图 2–3–4 所示润滑剂中，按黏度系数从大到小的顺序，应如何排序？

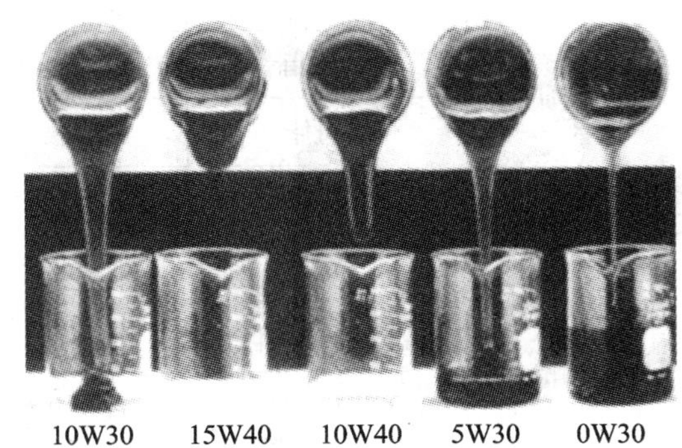

图 2–3–4　不同黏度系数的润滑剂

3）润滑剂代号

润滑剂代号由类别、品种和数字三部分组成，即“类别—品种 / 数字”。

①类别

根据《石油产品及润滑剂分类方法和类别的确定》（GB/T 498—2014），石油产品的主要类别为蜡，燃料，润滑剂、工业润滑油和有关产品，沥青，溶剂和化工原料五大类。查阅相关资料，将表 2–3–11 中所列类别的正确名称填入表中。

表 2–3–11　润滑剂的类别

类别	含义
F	燃料
S	
L	
W	
B	

②品种

根据《润滑剂、工业用油和有关产品（L 类）的分类》（GB/T 7631—2008），按照用途润滑剂产品可分为 18 种，查阅资料，将正确的名称填入表 2–3–12 中。

表 2-3-12　润滑剂的品种

组别	应用	组别	应用
A		N	电器绝缘
B	脱模	P	气动工具
C		Q	
D	压缩机（包括冷冻机和真空泵）	R	暂时保护防腐蚀
E		T	汽轮机
F		U	热处理
G		X	用润滑脂的场合
H		Y	其他应用场合
M	金属加工	Z	

③数字

润滑剂代号中的数字部分表示其黏度等级，查阅《工业液体润滑剂 ISO 粘度分类》（GB/T 3141—1994），写出其中所规定的黏度等级有哪些。

④代号含义

通过润滑剂代号即可了解其功能特点，如代号为 L-CKD150 的润滑剂，其中 L 表示润滑剂和有关产品，CKD 表示重负荷工业齿轮油（齿轮油），150 表示黏度等级为 150。查阅以上相关标准，写出下列润滑剂代号的含义。

L-AN32：

L-G68：

（4）导轨及相关设备润滑

查阅资料，了解滑动导靴的导轨和滚动导靴的导轨对润滑油的种类、油量，及保养周期和润滑方法等方面的要求，回答以下问题。

1）滑动导靴的导轨可以用汽油润滑吗？为什么？

2）滚动导靴的导轨需要润滑吗？为什么？

2. 检查物料

按照表 2-3-13 所列项目对物料进行检查，记录检查结果。

表 2-3-13　　物料检查记录

序号	物料名称	检查标准	检查结果	
1	安全帽	1. 外观完好，无损坏	□完好	□损坏
		2. 后箍完整，使用正常	□完好	□损坏
		3. 下颏带完整，使用正常	□完好	□损坏
2	工作服	1. 拉链完整，使用正常	□完好	□损坏
		2. 扣子完整，使用正常	□完好	□损坏
3	安全鞋、安全带	外观完好，使用正常	□完好	□损坏
4	护栏、挂牌		□完好	□损坏
5	三角钥匙		□完好	□损坏
6	顶门器		□完好	□损坏

续表

序号	物料名称	检查标准	检查结果	
7	（一字、十字）螺钉旋具	1．外观完好，无损坏	□完好	□损坏
		2．刀头部分没有损坏，能正常拧螺栓	□完好	□损坏
8	活动扳手	1．固定扳口完整，无损坏	□完好	□损坏
		2．调节蜗杆无锈斑，运动灵活	□完好	□损坏
		3．活动扳扣外观完整，无损坏	□完好	□损坏
9	塞尺	1．外观完好，无损坏	□完好	□损坏
		2．塞尺片无锈斑、污渍	□完好	□损坏
		3．塞尺刻度清晰	□完好	□损坏
		4．塞尺片无折弯	□完好	□损坏
		5．连接螺母运动灵活，未生锈	□完好	□损坏
10	线坠（线锤）	1．坠头外观完好，无损坏	□完好	□损坏
		2．线外观完好，无起丝，回收线功能正常	□完好	□损坏
		3．固定钢针运行良好，弹簧活动自如	□完好	□损坏
		4．挂钩取出正常，无折弯，无损坏	□完好	□损坏
		5．线坠外观正常，无损坏	□完好	□损坏
11	卷尺	1．外观完好，无损坏	□完好	□损坏
		2．刻度清晰，能正常进行读数	□完好	□损坏
		3．无折弯，能正常使用	□完好	□损坏
		4．量尺能够正常回收	□完好	□损坏
12	直尺	1．外观完好，无损坏	□完好	□损坏
		2．刻度清晰，能正常进行读数	□完好	□损坏
		3．无折弯，能正常使用	□完好	□损坏

续表

序号	物料名称	检查标准	检查结果	
13	角尺	1．外观完好，无损坏	□完好	□损坏
		2．刻度清晰，能正常进行读数	□完好	□损坏
		3．无折弯，能正常使用	□完好	□损坏
14	万用表	1．外观完好，无损坏	□完好	□损坏
		2．电阻挡正常	□完好	□损坏
		3．直流电压挡正常	□完好	□损坏
		4．交流电压挡正常	□完好	□损坏
		5．零配件齐全	□完好	□损坏
		6．电池电量充足	□完好	□损坏
15	游标卡尺	1．外观完好，无损坏	□完好	□损坏
		2．活动灵活	□完好	□损坏
		3．刻度标识清晰	□完好	□损坏
16	推拉力计	1．推拉力计类型符合要求	□指针	□数字
		2．推拉力计测量范围符合要求	____kg	
			____N	
		3．外观完好，无损坏	□完好	□损坏
		4．活动灵活	□完好	□损坏
		5．刻度标识清晰	□完好	□损坏
		6．标准砝码读数清晰	□完好	□损坏
17	刷子	1．外观完好，无损坏	□完好	□损坏
		2．刷毛能使用	□完好	□损坏
18	黄油	在有效期内，性状无异常，可正常使用	□完好	□损坏
19	WD40 除锈剂		□完好	□损坏
20	导轨润滑油		□完好	□损坏
21	扭力扳手	外观完好，无损坏、锈斑，功能正常	□完好	□损坏

三、准备电梯井道保养实施

根据保养工作流程要求，查阅针对电梯井道保养的安全操作规范，到达现场后，与物业管理人员进行接洽沟通，通过相互观察和监督检查个人穿戴（工作服、安全鞋、安全帽）和个人精神状态，认识安全标识，对电梯井道进行保养前的准备，保证保养工作顺利开展。

1. 阅读以下井道作业安全规程，回答后面的问题。

（1）作业时，必须戴好安全帽，穿好绝缘鞋，登高作业应系好安全带，工具要放在工具袋内，大工具要用保险绳扎好妥善放置。

（2）井道内应有足够的照明，作业照明必须使用 36 V 及以下的低压安全灯，严禁使用 220 V 高压照明灯，线路插头、插头座绝缘层均不得有破损、漏电。

（3）在井道改装和拆卸井道导轨及大型工件时，必须搭建脚手架，脚手架须先经安装脚手架者出示验收合格报告，再经工地负责人检查验收，确认安全牢固后才能使用。

（4）井道脚手架在使用期间应经常检查，因脚手架妨碍施工而做部分临时拆卸后，应及时修复，严禁虚搁、浮放等。

（5）脚手架拆除前，应先拆除临时电气线路，然后从上至下逐层拆除，事先应通知有关人员，并发出警告，避免伤人。

（6）在井道作业时，施工人员的注意力必须高度集中，井道上下应密切联系，严禁上下抛投物件及工具。

（7）在井道换导轨时，必须有可靠的安全引吊设备，以防导轨坠落。

（8）在脚手架上从事电焊、气焊时，应首先清理回丝、油类、化纤、塑料等易燃、易爆品，要避开电线，备有必需的灭火器材，乙炔发生器、氧气瓶和焊枪均应按规定放置，严禁无证人员乱拿乱用，操作时要戴绝缘手套，以防触电，工作完毕要严格检查现场，熄灭一切火种。

（9）进入底坑时，必须先断开底坑急停安全开关，若底坑较深时，应备有梯子上下。底坑照明应为 36 V 安全电压照明。

（10）底坑工作人员须戴安全帽，井道内装笨重工件时，底坑人员必须停止工作。人离开底坑后，才可以接通底坑急停开关和关闭层门。

（1）列举井道作业安全规程的关键词（至少 10 个）。

（2）在井道作业时，个人佩戴方面要注意什么？

（3）在井道作业时，用电安全要注意什么？

（4）在井道作业时，脚手架的安全注意事项包括哪些？

（5）在井道作业时，从事电焊、气焊作业要注意什么？

2．设置井道保养前的电梯

参照学习任务一所学内容在井道保养前对电梯进行设置。

四、实施安全上下轿顶设备检查

1．认识安全上下轿顶设备

依据企业工作流程，通过查阅相关参考书、技术手册、网络资源和电梯电气原理图的安全回路部分，描述轿顶设备的布置方式和组成，描述电梯层门门锁的种类、结构和作用，描述常见的开关类型、结构和作用，分析电梯控制系统的组成和运行原理，总结电梯安全回路的结构和控制原理。

（1）轿厢

轿厢（car）是电梯中用来运载乘客或其他载荷的箱形装置。从“轿顶检修控制箱、轿厢架、轿厢门、轿厢导靴、开门机、轿厢护腿板、轿厢操纵箱”中选择正确的词语填写到图2-3-5中的横线上。

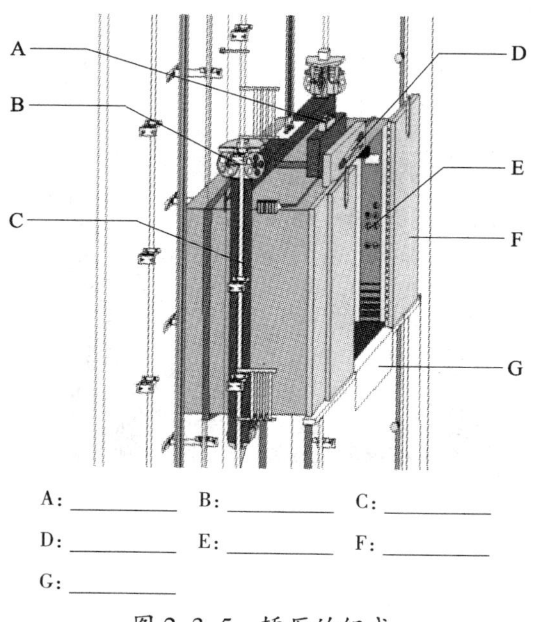

图2-3-5　轿厢的组成

（2）轿顶设备

轿顶（car roof），也称轿厢顶，在轿厢的上部，是具有一定强度要求的顶盖。从“轿顶检修控制箱、门机、轿厢导靴（油壶）、轿顶护栏、通风和照明装置”中选择正确的词语填写到图 2-3-6 中的横线上。

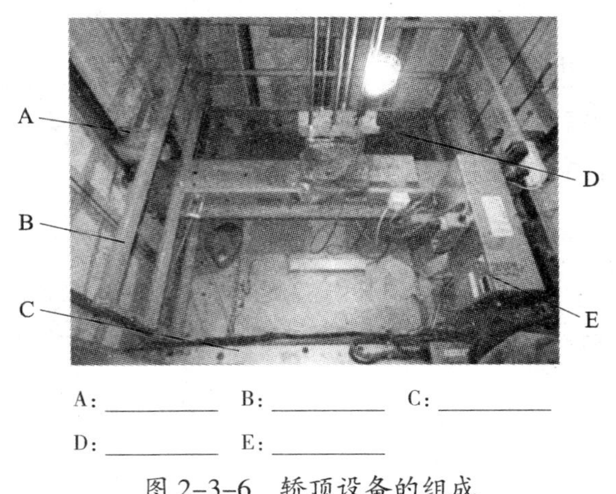

A：__________ B：__________ C：__________

D：__________ E：__________

图 2-3-6 轿顶设备的组成

（3）轿顶检修控制箱

轿顶检修控制箱由公共端（运行）按钮、急停开关、轿顶照明开关、插座、轿顶照明、检修切换开关、五方通话装置、检修下行按钮、检修上行按钮等部分组成，在图 2-3-7 中填写各个字母所指代的部分名称。

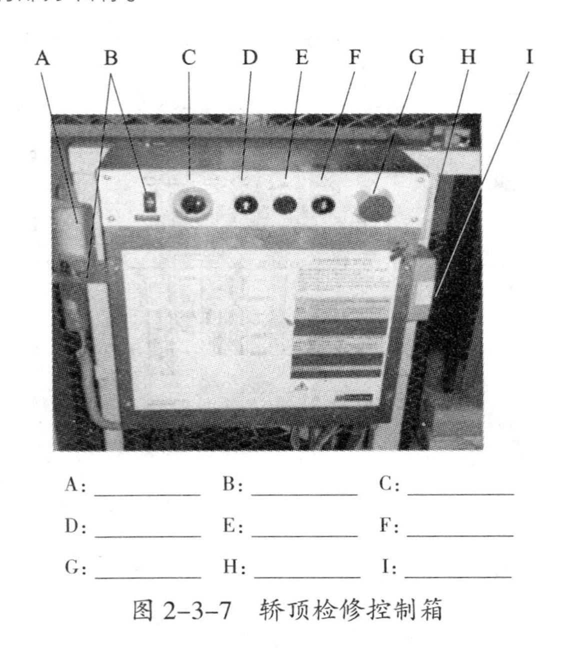

A：__________ B：__________ C：__________

D：__________ E：__________ F：__________

G：__________ H：__________ I：__________

图 2-3-7 轿顶检修控制箱

（4）层门

1）层门的组成

层门（landing door），也称厅门，是设置在层站入口的门。层门常见的零部件有层门挂板、层门护腿板、层门地坎、层门导轨、门扇、自闭装置等，在图 2-3-8 中填写各个字母所指代的零部件名称。

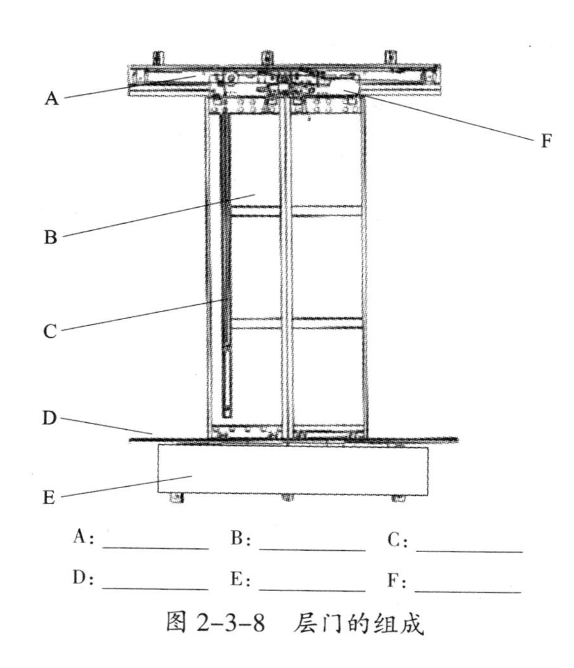

A：________　B：________　C：________

D：________　E：________　F：________

图 2-3-8　层门的组成

2）层门的自闭方式有哪些？各有什么特点？

（5）层门门锁

层门门锁（door locking）是保证电梯在层门关闭、门已锁紧时，同时接通控制回路轿厢方可运行的机电联锁安全装置，是电梯重要的安全装置之一。

1）上钩式门锁

上钩式门锁的组成如图 2–3–9 所示。在图 2–3–10 所示上钩式门锁工作原理中，写出各个字母所指代的组成部分的名称。

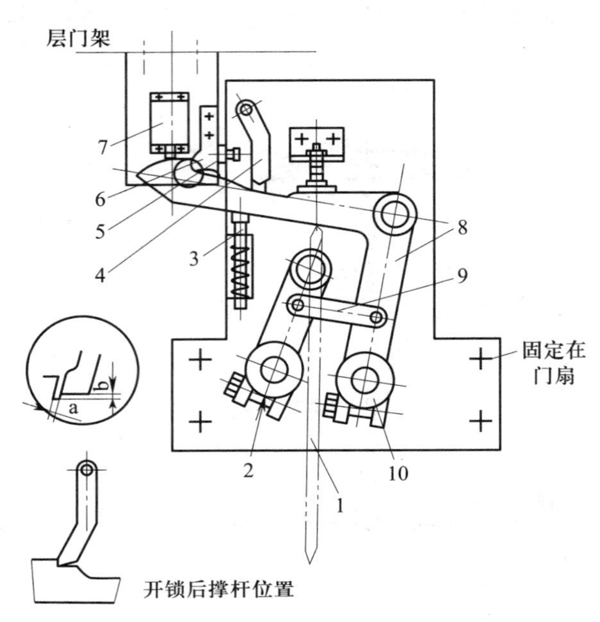

图 2–3–9　上钩式门锁

1—门刀；2—摆臂滚轮（门锁滚轮、门球）；3—弹簧顶杆；4—撑杆；5—撞击螺钉；6—锁钩；7—电开关；8—锁臂；9—连接杆；10—锁臂滚轮（门锁滚轮、门球）

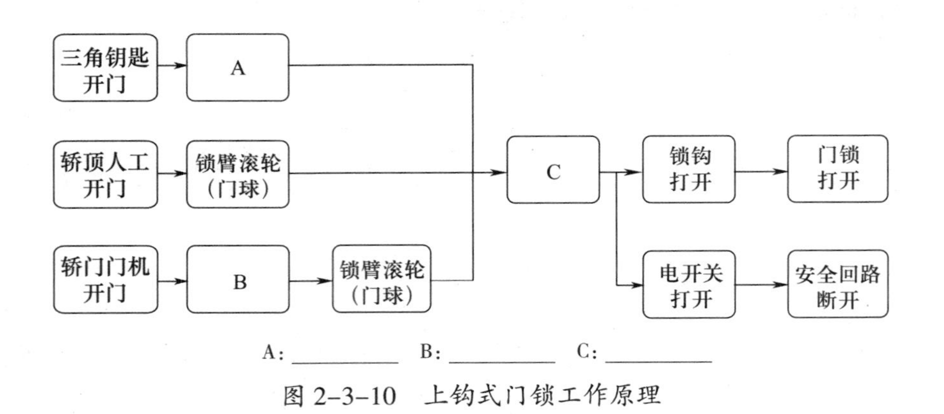

A：__________　B：__________　C：__________

图 2–3–10　上钩式门锁工作原理

2）下钩式门锁

下钩式门锁的组成如图 2–3–11 所示。在图 2–3–12 所示上钩式门锁工作原理中，写出各个字母所指代的组成部分的名称。

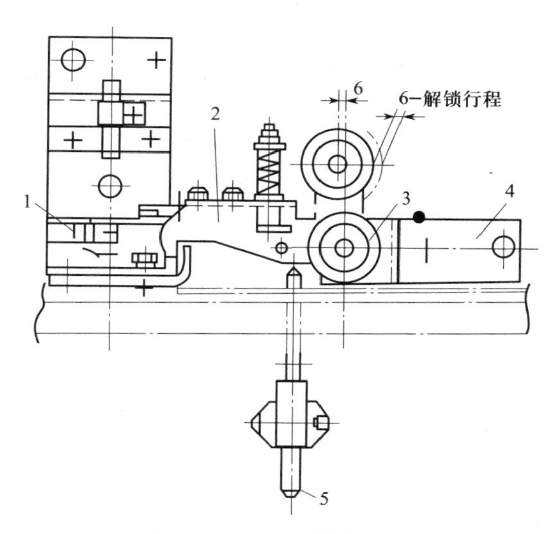

图 2–3–11　下钩式门锁

1—触点开关；2—锁钩；3—门锁滚轮（门球）；4—底座；5—外推杆

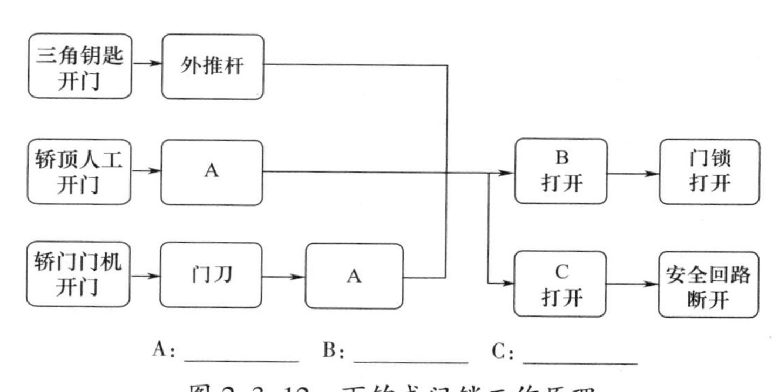

A：__________　B：__________　C：__________

图 2–3–12　下钩式门锁工作原理

（6）常见电气开关

常见电气开关包括按钮开关、行程开关、急停开关、限速器开关、检修开关等，查阅相关资料，对照表 2–3–14 中的图示，写出其名称和作用。

表 2–3–14　常见电气开关及其作用

图示	名称	作用

续表

图示	名称	作用

（7）电梯电气控制原理

电梯控制器件包括控制面板、变频器、电梯控制器、位置传感器、继电器电路、曳引机的电动机、门机、显示指示灯等。查阅相关资料，写出图 2-3-13 中各个字母所指代的设备名称。

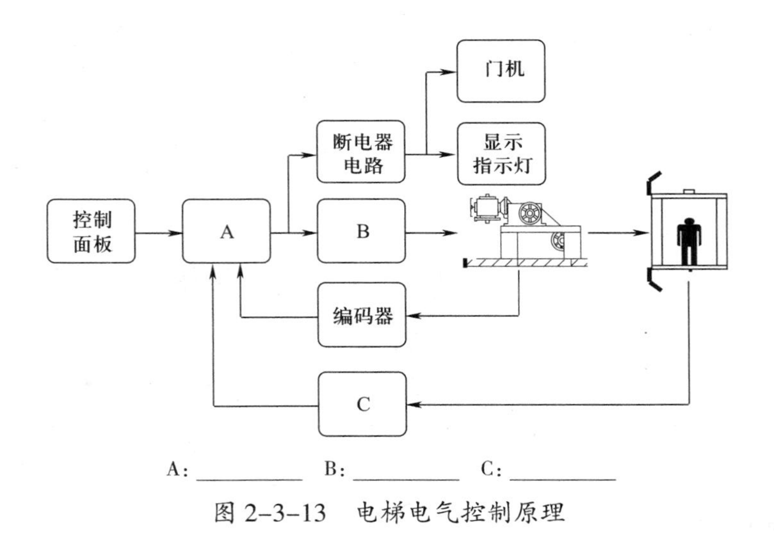

图 2-3-13　电梯电气控制原理

（8）电梯安全回路控制原理

图 2-3-14 所示为电梯安全回路，输入部分包括限速器断绳开关、底坑急停按钮、盘车手轮开关、控制柜急停按钮、轿顶急停按钮、轿内急停按钮、安全窗开关、层门开关等，输出部分包括主控电脑板（电梯主控主板）、急停继电器和门联锁继电器。

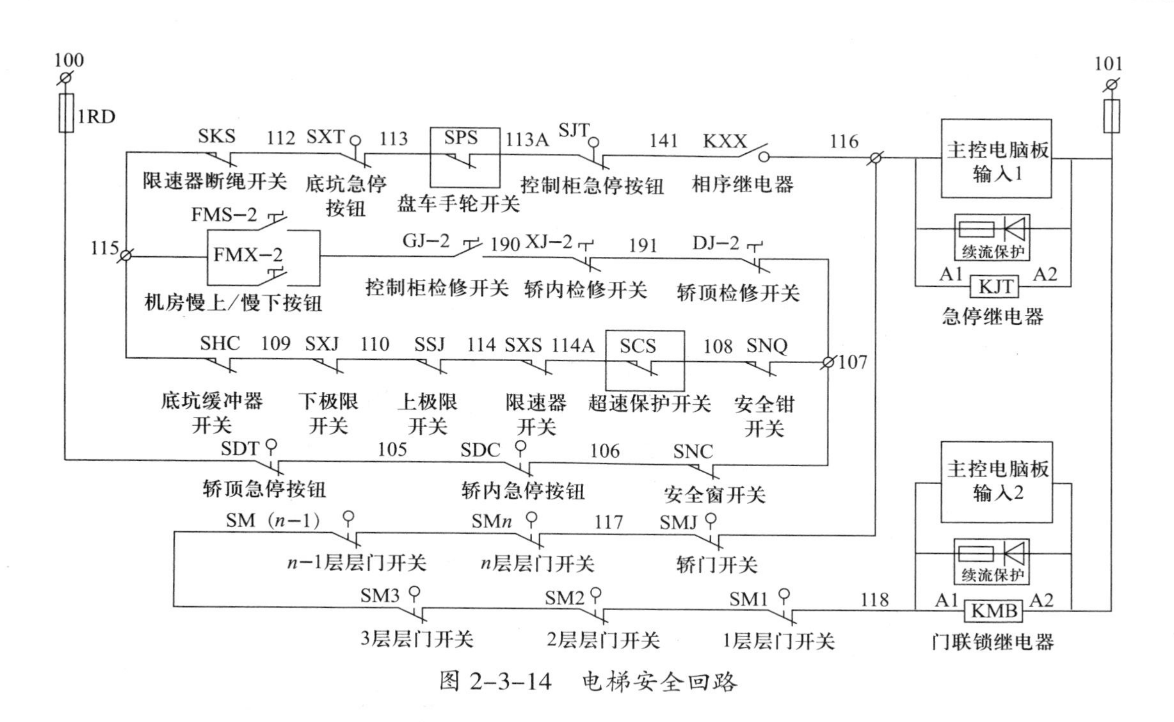

图 2-3-14　电梯安全回路

1）轿顶急停按钮按下后，急停继电器和门联锁继电器处于何种工作状态？主控电脑板输入 1 是否会有信号输入？主控电脑板输入 2 是否会有信号输入？

2）上下极限开关碰到后，急停继电器和门联锁继电器处于何种工作状态？主控电脑板输入 1 是否会有信号输入？主控电脑板输入 2 是否会有信号输入？

3）层门开关打开后，急停继电器和门联锁继电器处于何种工作状态？主控电脑板输入1是否会有信号输入？主控电脑板输入2是否会有信号输入？

2．实施安全上下轿顶相关设备检查

依据电梯井道保养工作的要求，按照相关国家标准和规则，遵循安全上下轿顶相关设备检查流程，通过检查、清洁、润滑，实施安全上下轿顶相关设备检查（包括门区、轿顶位置、层门门锁、轿顶急停、轿顶检修、轿顶照明等设备的检查），完成后进行自检，确保电梯能够正常运行，操作过程应符合安全操作规范和6S管理内容的要求，并做好记录。

（1）“一看”

“一看”指查看轿顶位置。查阅相关资料，了解“一看”的步骤和要求，根据图2-3-15和表2-3-15～表2-3-21完成操作，并将其中的空白补充完整。

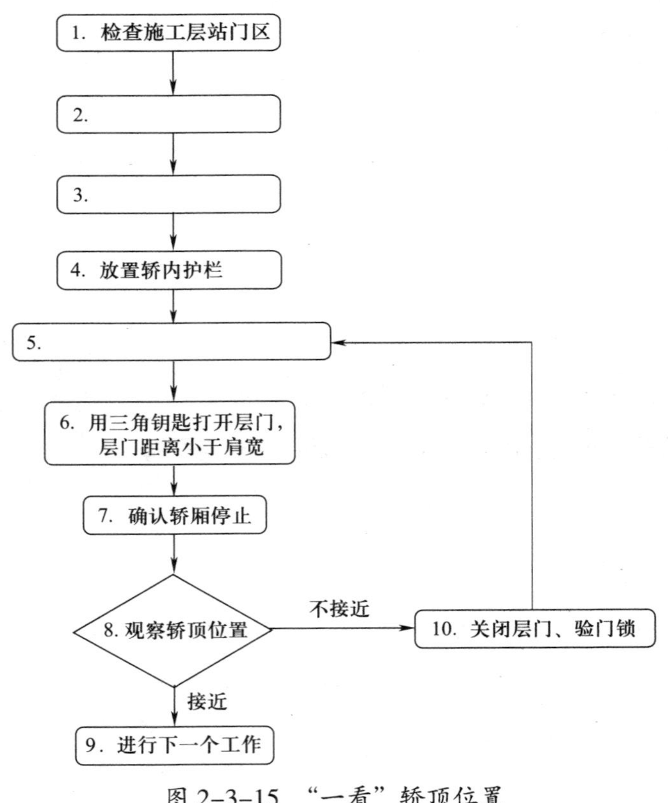

图2-3-15 “一看”轿顶位置

1）检查施工层站门区（表 2–3–15）

表 2–3–15　检查施工层站门区

图示	实施技术要求	实施记录
	1. 轿门地坎、层门地坎清洁； 2. 层门门口清洁	1. 层门地坎的灰尘、水渍、油污等： □有　□无 2. 检查层门门口外观是否清洁、整齐： □是　□否 3. 检查目的：________

2）放置施工层站护栏（表 2–3–16）

表 2–3–16　放置施工层站护栏

图示	实施技术要求	实施记录
	将层门外护栏放置在指定位置	1. 将层门入口处围住 □已完成 2. 护栏标识朝向： □外　□内 3. 放置层门护栏的目的： ________

3）外呼下行（表 2–3–17）

表 2–3–17　外呼下行

图示	实施技术要求	实施记录
	在层站外呼电梯	在层站外呼电梯： □上行　□下行

4）设置轿内护栏（表 2-3-18）

表 2-3-18 设置轿内护栏

图示	实施技术要求	实施记录
	轿内护栏放置在指定位置	1. 护栏放置： □稳固 □不稳固 2. 护栏标识朝向： □门口 □其他位置

5）内呼轿厢（表 2-3-19）

表 2-3-19 内呼轿厢

图示	实施技术要求	实施记录
	轿厢内呼，退出轿厢，电梯下行	若被保养电梯是 10 层，现在在 10 楼上轿顶，进入轿厢后，需要内呼： □ 9 层 □ 8 层 □ 7 层 □ 6 层 □ 5 层 □ 4 层 □ 3 层 □ 2 层 □ 1 层

6）打开层门（表 2-3-20）

表 2-3-20 打开层门

图示	实施技术要求	实施记录
	层门打开宽度小于肩宽	1. 使用三角钥匙打开层门： □操作正确 □操作错误 2. 打开层门宽度是否符合要求： □是 □否

7）观察轿厢位置（表 2–3–21）

表 2–3–21　　观察轿厢位置

图示	实施技术要求	实施记录
	轿顶与层站的位置偏差不能超过 200 mm	观察轿顶位置是否适合上轿顶： （1）□符合，应当进行下一步 （2）□不符合，应当关门，关好验门锁并重新呼梯

（2）“三验”

“三验”包括验证门锁、验证急停开关和验证检修开关工作正常。查阅相关资料，了解“三验”的步骤和要求，根据以下图、表所示内容完成操作，并将其中的空白补充完整。

1）“一验”门锁（图 2–3–16）

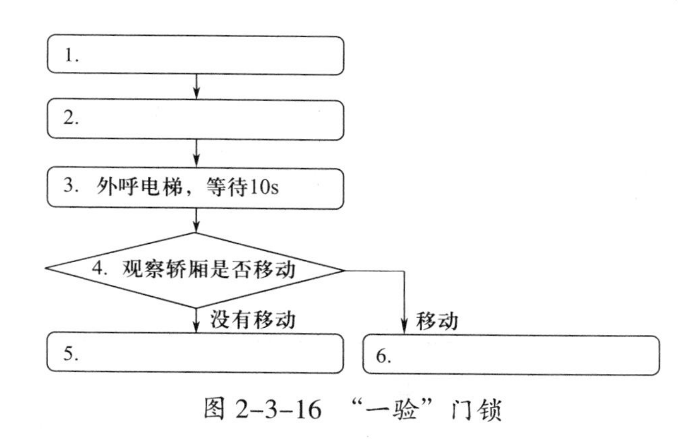

图 2–3–16　“一验”门锁

①记录轿厢位置（表 2–3–22）

表 2–3–22　　记录轿厢位置

图示	实施技术要求	实施记录
	观察轿厢现在所处位置	观察轿厢现在所处位置： □已完成

②放下顶门器（表 2-3-23）

表 2-3-23 放下顶门器

图示	实施技术要求	实施记录
	层门门缝宽度小于等于 50 mm（约一个拳头的宽度）	顶门器放在层门门缝处 □已完成

③外呼电梯（表 2-3-24）

表 2-3-24 外呼电梯

图示	实施技术要求	实施记录
	外呼电梯，等待 10 s	外呼电梯： □上行 □下行

④验证门锁（观察轿厢是否移动）（表 2-3-25）

表 2-3-25 验证门锁（观察轿厢是否移动）

图示	实施技术要求	实施记录
	轿厢不移动，门锁开关工作正常	通过门缝观察轿厢： 1. □不移动，则门锁□有效 / □无效，进行下一个动作 2. □移动，则门锁□有效 / □无效，需要立即停电梯维修

2）“二验”急停（图 2-3-17）

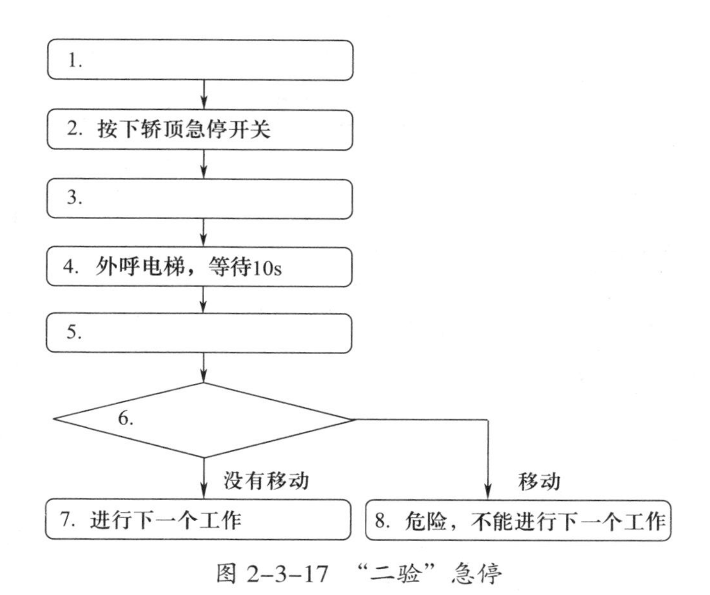

图 2-3-17　“二验”急停

①完全打开层门（表 2-3-26）

表 2-3-26　完全打开层门

图示	实施技术要求	实施记录
	1. 重心在层站； 2. 脚前后站； 3. 中部推开门； 4. 放下顶门器	1. 顶门器放置： □牢固　□松动 2. 层门打开状况： □完全打开　□未完全打开

②按下轿顶急停开关（表 2-3-27）

表 2-3-27　按下轿顶急停开关

图示	实施技术要求	实施记录
	1. 观察轿厢顶部情况； 2. 确认急停开关位置； 3. 保持重心在层站； 4. 侧身，一手扶住门套，一手按下急停开关	急停开关： □已按下

③关层门、验层门（表 2–3–28）

表 2–3–28 关层门、验层门

图示	实施技术要求	实施记录
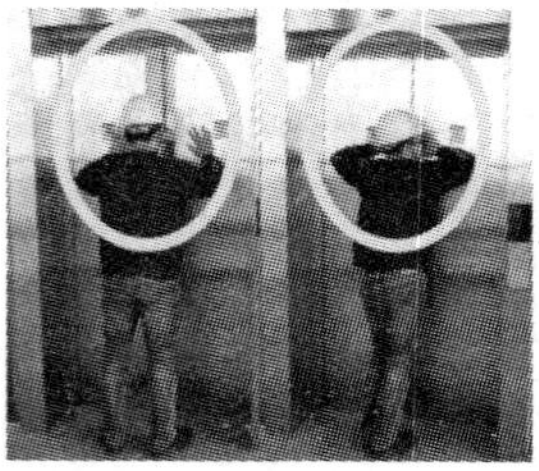	1. 取开顶门器，关掉层门，不能撞门； 2. 验证层门关好并上锁	1. 关层门过程中无撞门情况： □已完成 2. 层门关好： □已完成

④外呼电梯（表 2–3–29）

表 2–3–29 外呼电梯

图示	实施技术要求	实施记录
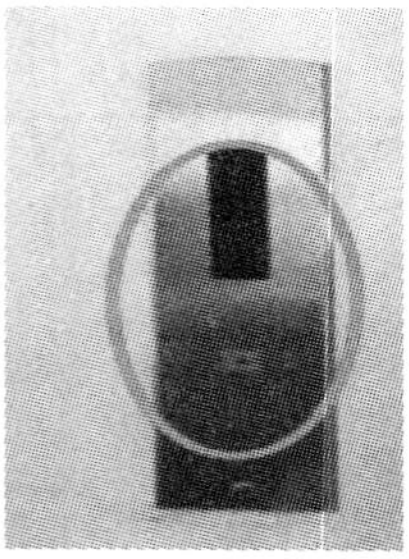	外呼电梯，等待 10 s	外呼电梯： □上行 □下行

⑤打开层门（表 2–3–30）

表 2–3–30 打开层门

图示	实施技术要求	实施记录
	层门打开宽度小于肩宽	1. 正确使用三角钥匙打开层门： □正确 □错误 2. 打开层门宽度： □符合 □不符合

⑥验证急停开关（表 2–3–31）

表 2–3–31　　验证急停开关（观察轿厢是否移动）

图示	实施技术要求	实施记录
	轿厢不移动，轿顶急停开关工作正常	通过门缝观察轿厢： 1. □不移动，则门锁□有效 / □无效，进行下一个动作； 2. □移动，则急停开关□有效 / □无效，需要立即停电梯维修

3）“三验”检修（图 2–3–18）

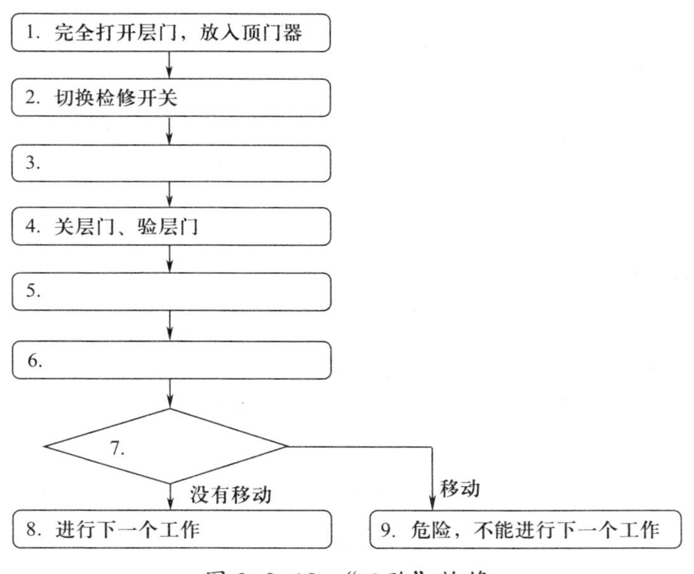

图 2–3–18　“三验”检修

①完全打开层门，放入顶门器（表 2–3–32）

表 2–3–32　　完全打开层门，放入顶门器

图示	实施技术要求	实施记录
	1. 重心在层站； 2. 脚前后站； 3. 从中部推开门； 4. 放入顶门器	1. 顶门器放置： □牢固　□松动 2. 层门打开状况： □完全打开　□未完全打开

②切换检修开关（表 2-3-33）

表 2-3-33 切换检修开关

图示	实施技术要求	实施记录
	1. 观察轿厢顶部情况； 2. 确认检修开关位置； 3. 保持重心在层站； 4. 侧身，一手扶住门套，一手切换检修开关至检修状态	切换检修开关： □正常　□检修

③恢复急停开关（表 2-3-34）

表 2-3-34 恢复急停开关

图示	实施技术要求	实施记录
	1. 观察轿厢顶部情况； 2. 确认急停开关位置； 3. 保持重心在层站； 4. 侧身，一手辅助门套，一手按下急停开关	恢复急停开关： □已完成

④关层门、验层门（表 2-3-35）

表 2-3-35 关层门、验层门

图示	实施技术要求	实施记录
	1. 取开顶门器，关掉层门，不能撞门； 2. 验证层门是否关好并上锁	1. 关层门过程中无撞门： □是　□否 2. 层门关好： □是　□否

⑤外呼电梯（表 2-3-36）

表 2-3-36　外呼电梯

图示	实施技术要求	实施记录
	外呼电梯，等待 10 s	外呼电梯： □上行　□下行

⑥打开层门（表 2-3-37）

表 2-3-37　打开层门

图示	实施技术要求	实施记录
	层门打开宽度小于肩宽	1. 使用三角钥匙打开层门： □操作正确　□操作错误 2. 打开层门宽度是否符合要求： □是　□否

⑦验证检修开关（表 2-3-38）

表 2-3-38　验证检修开关（观察轿厢是否移动）

图示	实施技术要求	实施记录
	轿厢不移动，轿顶检修开关工作正常	通过门缝观察轿厢： 1. □不移动，则检修开关□有效 / □无效，进行下一个动作； 2. □移动，则检修□有效 / □无效，需要立即停电梯维修

（3）安全上轿顶

查阅相关资料，了解安全上轿顶的步骤和要求，根据图 2–3–19 和表 2–3–39 ~ 表 2–3–43 完成操作，并将其中的空白补充完整。

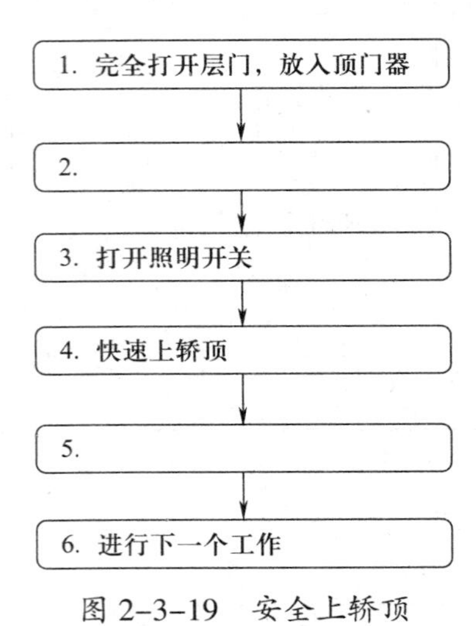

图 2–3–19　安全上轿顶

1）完全打开层门，放入顶门器（表 2–3–39）

表 2–3–39　完全打开层门，放入顶门器

图示	实施技术要求	实施记录
	1. 重心在层站； 2. 脚前后站； 3. 从中部推开门； 4. 放下顶门器	1. 顶门器放置： □牢固　□松动 2. 层门打开状况： □完全打开　□未完全打开

2）按下急停开关（表 2–3–40）

表 2–3–40　按下急停开关

图示	实施技术要求	实施记录
	1. 观察轿厢顶部情况； 2. 确认急停开关位置； 3. 保持重心在层站； 4. 侧身，一手扶住门套，一手按下急停开关	按下急停开关： □已完成

3）打开照明开关（表 2–3–41）

表 2–3–41　打开照明开关

图示	实施技术要求	实施记录
	1. 找到轿顶照明位置； 2. 保持重心在层站； 3. 侧身，一手扶住门套，一手打开轿顶照明	打开照明开关： □已完成

4）快速上轿顶（表 2–3–42）

表 2–3–42　快速上轿顶

图示	实施技术要求	实施记录
	不要随意触碰轿顶设备	安全上轿顶： □已完成

5）关层门、验层门（表 2–3–43）

表 2–3–43　关层门、验层门

图示	实施技术要求	实施记录
	1. 取开顶门器，关掉层门，不能撞门； 2. 验证层门是否关好并上锁	1. 正确关层门： □已完成 2. 验证层门关闭： □关好　□未关好

（4）检查轿顶检修运行

检修运行是在电梯检修状态下，手动操作检修控制装置使电梯轿厢以检修速度运行的操作。查阅相关资料，了解检查轿顶检修运行的步骤和要求，根据图 2–3–20 和表 2–3–44 ~ 表 2–3–46 完成操作，并将其中的空白补充完整。

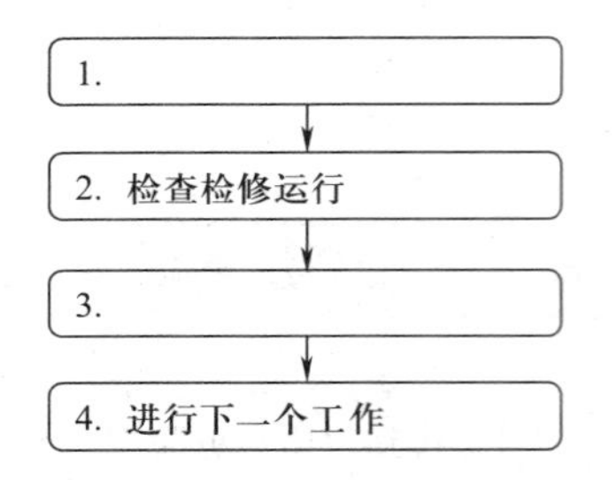

图 2-3-20 检查轿顶检修运行

1）恢复急停开关（表 2-3-44）

表 2-3-44 恢复急停开关

图示	实施技术要求	实施记录
	急停恢复（右旋转可恢复）	恢复急停开关： □已完成

2）检查检修运行（表 2-3-45）

表 2-3-45 检查检修运行

图示	实施技术要求	实施记录
	同时按下安全按钮和检修上（下）行按钮，电梯才能检修运行	检修上（下）运行是否正常： □正常 □不正常

3）按下急停开关（表 2-3-46）

表 2-3-46 按下急停开关

图示	实施技术要求	实施记录
	按下急停开关 （电梯不运行期间，需按下急停开关，避免电梯运行）	按下急停开关： □已完成

（5）判定楼层

查阅相关资料，了解判定楼层的步骤和要求，根据图 2–3–21 和表 2–3–47 ~ 表 2–3–49 完成操作，并将其中的空白补充完整。

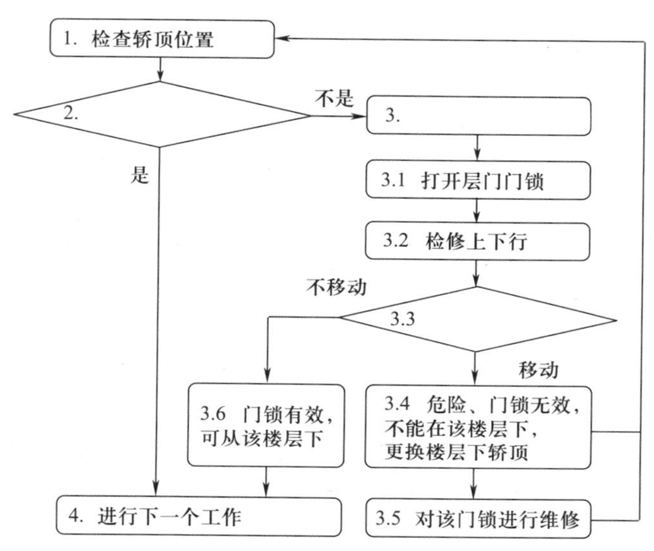

图 2–3–21　判定楼层

1）检查轿顶位置（表 2–3–47）

表 2–3–47　检查轿顶位置

图示	实施技术要求	实施记录
	观察层门标志，检查轿顶是否在原上轿顶的楼层	轿顶在原上轿顶楼层： □是　□否

2）判断轿顶位置（表 2–3–48）

表 2–3–48　判断轿顶位置

图示及步骤描述	实施技术要求	实施记录
F2 通过层门标志判断轿顶位置	1．若轿顶是在原上轿顶楼层，则可在该楼层下轿顶； 2．若轿顶不是在原上轿顶楼层，需验证层门门锁	1．直接下轿顶： □已完成 2．验证层门门锁： □已完成

3）验层门门锁（表 2–3–49）

表 2–3–49 验层门门锁

图示及步骤描述	实施技术要求	实施记录
1．打开层门门锁	通过门锁滚轮（门球）打开层门门锁	打开层门门锁： □已完成
2．在层门门缝放置顶门器	门缝宽度小于肩宽	放置层门门缝顶门器： □已完成
3．恢复轿顶急停开关	1．急停恢复，右旋转可恢复； 2．确保急停开关恢复	恢复急停开关： □已完成
4．检修上下行	同时按下安全按钮和检修上（下）行按钮，观察电梯检修运行状况	观察电梯检修上（下）运行： □已完成
5．按下急停开关	确保急停开关按下	按下急停开关： □已完成

续表

图示及步骤描述	实施技术要求	实施记录
6. 观察轿厢是否移动	1. 若移动，则该层门锁有故障，需从原上轿顶楼层下，并在下轿顶后，立即停梯维修； 2. 若不移动，则该层门锁正常，可从该楼层下	1. 轿厢移动： □是　□否 2. 判断该层层门门锁是否有效： □有效　□无效
7. 关闭层门	1. 取下顶门器； 2. 关闭层门，验证层门关闭	1. 顶门器取下： □是　□否 2. 层门关闭： □是　□否

（6）下轿顶

查阅相关资料，了解下轿顶的步骤和要求，根据图 2-3-22 和表 2-3-50 ~ 表 2-3-56 完成操作，并将其中的空白补充完整。

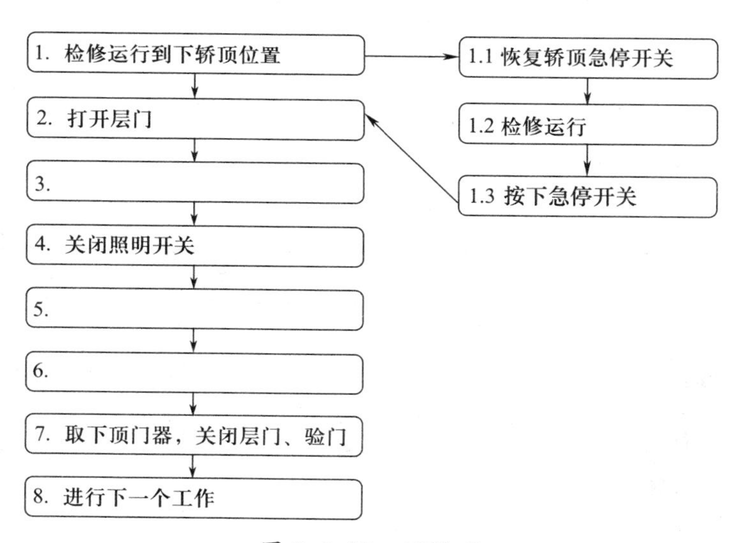

图 2-3-22　下轿顶

1）检修运行到下轿顶位置（表 2–3–50）

表 2–3–50　检修运行到下轿顶位置

图示及步骤描述	实施技术要求	实施记录
1．恢复轿顶急停开关	急停开关恢复（右旋转可恢复）	恢复急停开关： □已完成
2．检修运行	同时按下安全按钮和检修上（下）行按钮，使电梯检修运行	检修运行到轿顶与层门地坎 ± 200 mm 的位置： □已完成
3．按下急停开关	确保急停开关按下	按下急停开关： □已完成

2）打开层门（表 2–3–51）

表 2–3–51　打开层门

图示	实施技术要求	实施记录
	1．完全打开层门； 2．放下顶门器	1．顶门器放置： □牢固　□松动 2．层门打开状况： □完全打开　□未完全打开

3）下轿顶（表 2-3-52）

表 2-3-52　下轿顶

图示	实施技术要求	实施记录
	1. 不要随意触碰轿顶设备； 2. 避免跌入井道	安全下轿顶： □已完成

4）关闭照明开关（表 2-3-53）

表 2-3-53　关闭照明开关

图示	实施技术要求	实施记录
	1. 找到轿顶照明位置； 2. 保持重心在层站； 3. 侧身，一手扶住门套，一手关闭轿顶照明	关闭轿顶照明： □已完成

5）切换检修开关（表 2-3-54）

表 2-3-54　切换检修开关

图示	实施技术要求	实施记录
	1. 观察轿厢顶部情况； 2. 确认检修开关位置； 3. 保持重心在层站； 4. 侧身，一手扶住门套，一手切换检修开关至正常状态	切换检修开关： □正常　□检修

6）恢复急停开关（表 2-3-55）

表 2-3-55　恢复急停开关

图示	实施技术要求	实施记录
	1. 观察轿厢顶部情况； 2. 确认急停开关位置； 3. 保持重心在层站； 4. 侧身，一手扶住门套，一手恢复急停开关	恢复急停开关： □已完成

7）取下顶门器，关闭层门、验门（表 2–3–56）

表 2–3–56　　取下顶门器，关闭层门、验门

图示	实施技术要求	实施记录
	1．取下顶门器，关掉层门，不能撞门； 2．验证层门是否关好并上锁	1．关层门过程中无撞门： □已完成 2．层门关好： □已完成

（7）复位电梯

查阅相关资料，了解复位电梯的步骤和要求，根据图 2–3–23 和表 2–3–57 完成操作，并将其中的空白补充完整。

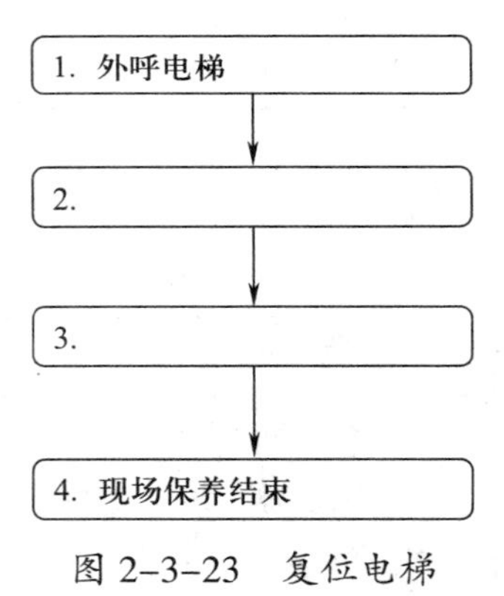

图 2–3–23　复位电梯

表 2–3–57　　复位电梯

图示及步骤描述	实施技术要求	实施记录
1．外呼电梯	外呼电梯，进入轿内	呼叫电梯： □已完成

续表

图示及步骤描述	实施技术要求	实施记录
2．试运行电梯	1．上下行 6 次； 2．检测电梯运行正常	1．试运行电梯 6 次： □已完成 2．观察电梯状态： □正常　□不正常
3．复位工位	1．回收护栏和工具； 2．清洁工作现场	1．回收护栏： □已完成 2．回收工具： □已完成 3．现场清洁： □已完成

五、实施轿顶及相关设备保养

1．认识轿顶及相关设备

依据企业工作流程，通过查阅相关参考书、技术手册、网络资源和观察轿顶风机、导轨、导靴、钢丝绳、对重装置、平层装置、极限开关的外观，总结轿顶风机的类型、结构和应用，导轨的类型、结构和连接方法，导靴的种类、结构和应用，钢丝绳的种类、结构和应用，对重装置、轿厢平层装置和井道极限开关的结构，填写轿顶及其相关设备认识记录。

（1）轿顶布局

从“门机、对重反绳轮、轿厢顶部、对重块、轿顶护栏、轿顶检修箱、通风装置、井道、轿厢反绳轮、对重导轨、轿厢导轨”中选择正确的词语填写到图 2-3-24 中的横线上。

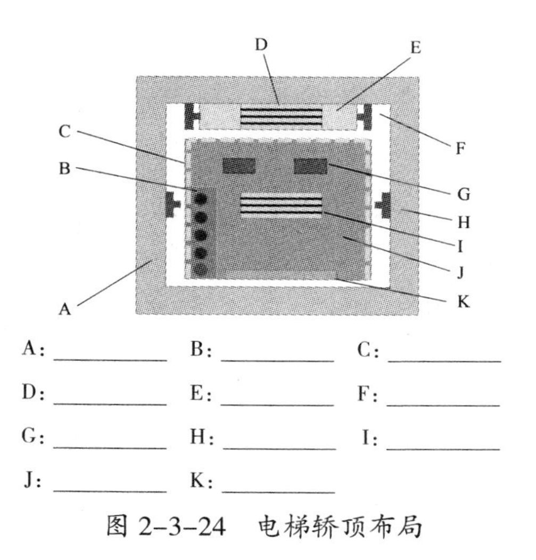

图 2-3-24　电梯轿顶布局

（2）轿顶风机

1）轴流式风机

轴流式风机如图 2-3-25 所示，其特点是什么？主要应用于货梯还是客梯？

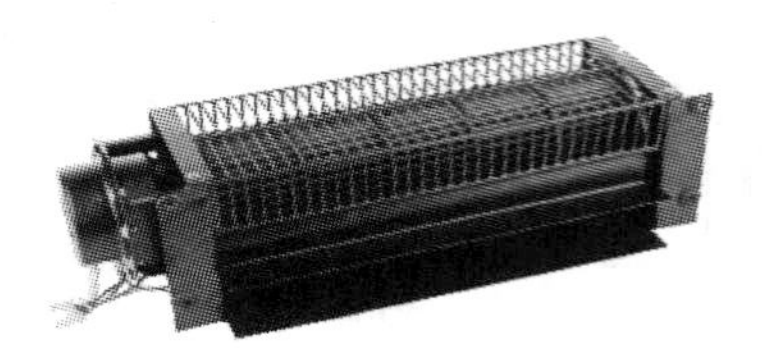

图 2-3-25　轴流式风机

2）贯流式风机

贯流式风机如图 2-3-26 所示，其特点是什么？主要应用于货梯还是客梯？

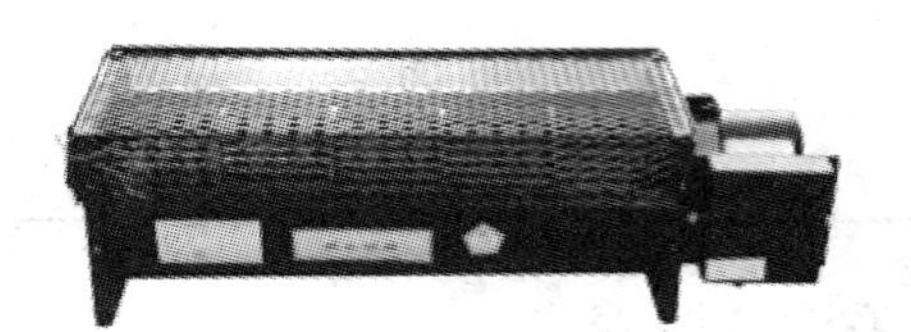

图 2-3-26　贯流式风机

3）空调风机

空调风机如图 2-3-27 所示，其特点是什么？主要应用于货梯还是客梯？

图 2-3-27　空调风机

（3）导轨

1）导轨的类型和应用

导轨（guide rail）是轿厢和对重运行的导向部件。根据图 2-3-28 的要求从“轿厢导轨、实心导轨、空心导轨、对重导轨”中选择正确的词语填入下方的空格中。

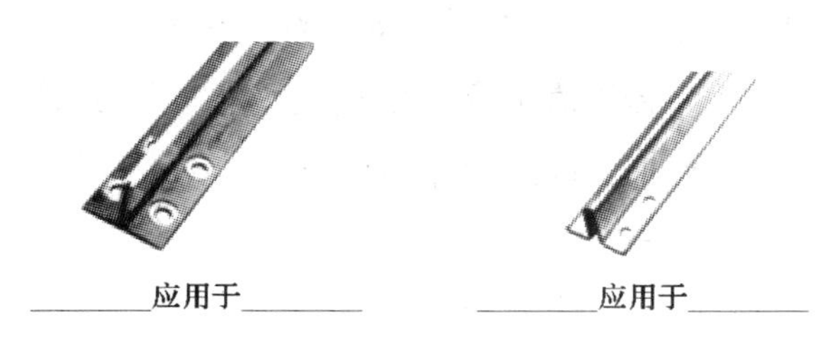

图 2-3-28　导轨的类型

2）导轨的安装

观察图 2-3-29，导轨是采用焊接方式还是螺栓锁紧方式安装到导轨支架上？为什么？

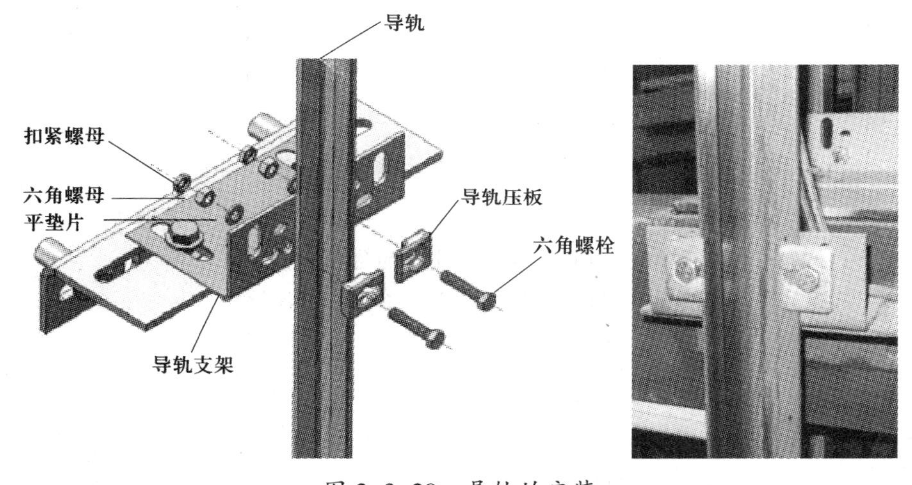

图 2-3-29　导轨的安装

3）导轨的连接

根据《电梯安装验收规范》（GB/T 10060—2011），了解相关的尺寸标准，将下面的空白补全。

如图 2–3–30 所示，轿厢导轨和设有安全钳的对重导轨，工作面接头处不应有连续缝隙，局部缝隙 c 不应大于________；工作接头处台阶用直线度为 0.01/300 的平直线尺或其他工具测量，b 为：________，台阶值 a 不应大于________。不设安全钳的对重导轨工作面接头缝隙 c 不应大于________；工作接头处台阶 a 不应大于________。

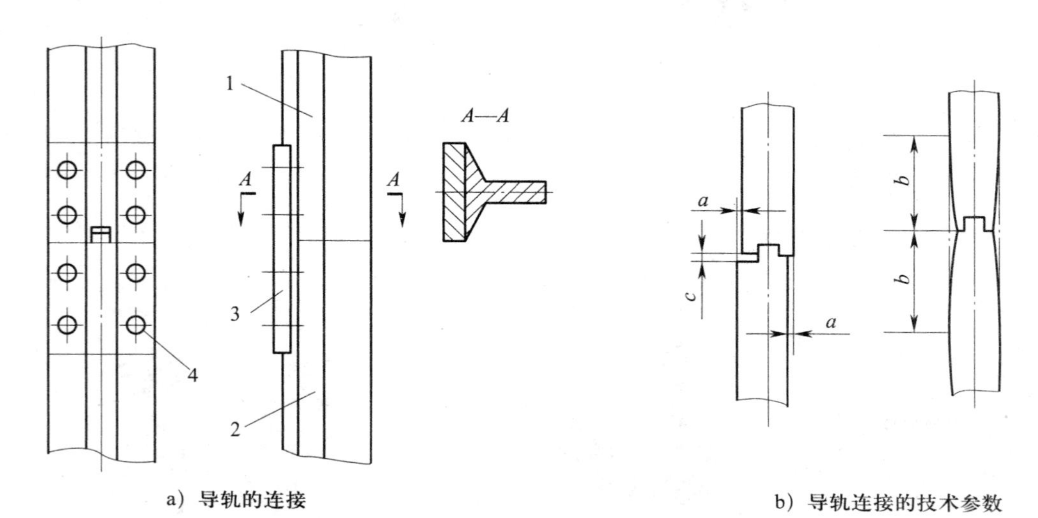

a）导轨的连接 b）导轨连接的技术参数

图 2–3–30 导轨的连接

1—上导轨；2—下导轨；3—连接板；4—螺栓孔

（4）导靴

1）导靴的位置

导靴（guide shoe）设置在轿厢架和对重装置上，其靴衬（滚轮）在导轨上滑动（滚动），使轿厢和对重装置沿导轨运行的导向装置。

根据图 2–3–31 所示导靴位置示意图，从“缓冲器、导轨、限速器、轿厢、导靴”中选择正确的名词填写到下方横线上。

2）导靴的种类

①滑动导靴

滑动导靴（sliding guide shoe）如图 2–3–32 所示，其主要特点是什么？应用于哪种电梯？

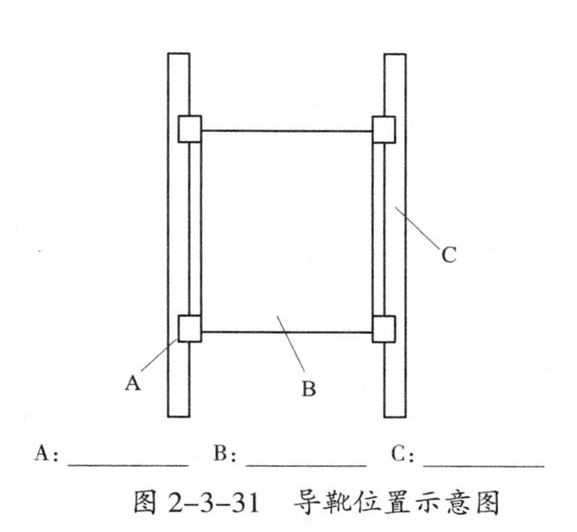

图 2-3-31　导靴位置示意图

图 2-3-32　滑动导靴

②滚动导靴

滚动导靴（roller guide shoe）如图 2-3-33 所示，其主要特点是什么？应用于哪种电梯？

（5）钢丝绳

1）钢丝绳的结构

电梯钢丝绳主要由钢丝、绳股、股芯、绳芯组成，在图 2-3-34 中填写各个字母所指代结构的名称。

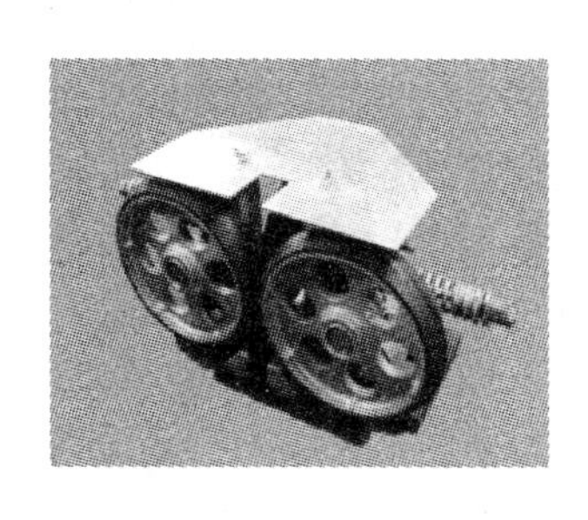
图 2-3-33　滚动导靴

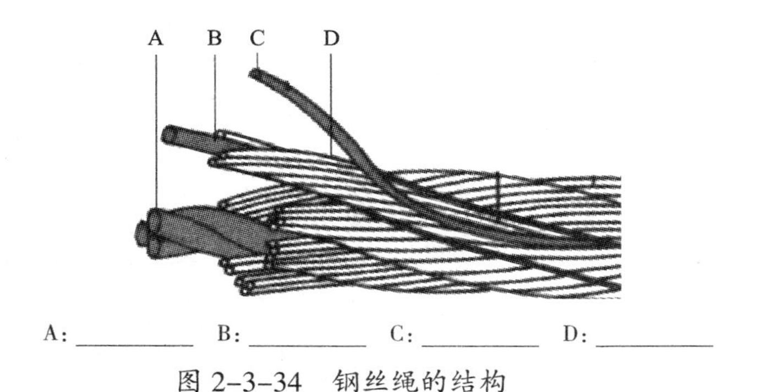

图 2-3-34　钢丝绳的结构

2）钢丝绳命名

钢丝绳的命名示例如图 2-3-35 所示。

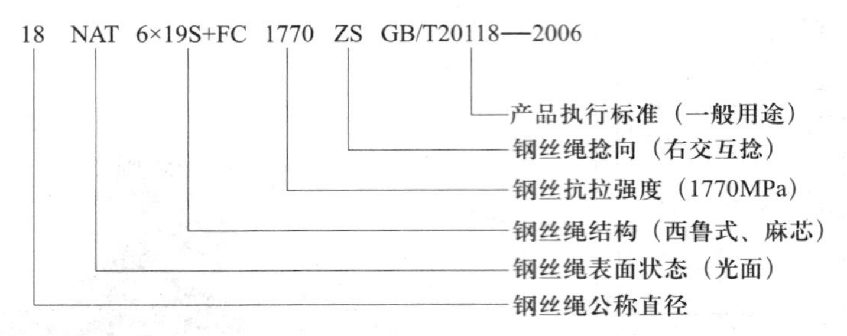

图 2–3–35 钢丝绳的命名示例

3）种类

①按绳股形式分类

钢丝绳的绳股形式分为西鲁式、瓦林吞式和填充式（图 2–3–36），根据表 2–3–58 所列的形式、特点，写出图 2–3–36 的图示所对应的类型。

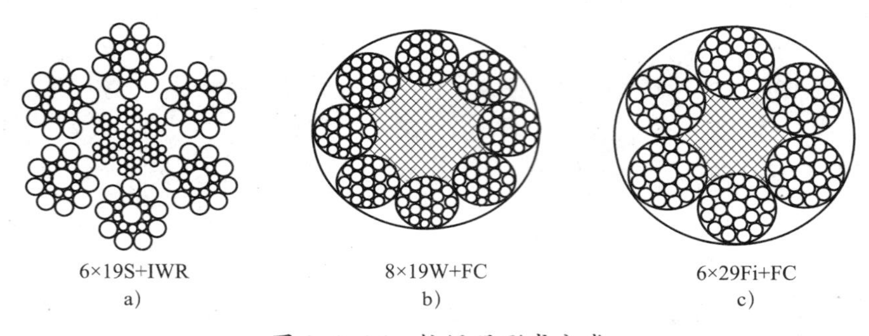

图 2–3–36 按绳股形式分类

表 2–3–58 按绳股形式分类的钢丝绳种类表

形式	特点	图中位置
西鲁式（seale），也称外粗式	外层钢丝较粗，内层较细，耐磨损能力强	
瓦林吞式（warrington）	内外层钢丝绳粗细相间，挠性较好，股中的钢丝较细。弯曲和耐疲劳性强	
填充式（filler），也称密集式	在两层钢丝绳之间的间隙填充有较细的钢丝。弯曲和耐磨性都比较好	

②按捻法形式分类

常见钢丝绳的捻法有左同向捻 SS、左交互捻 SZ、右交互捻 ZS、右同向捻 ZZ。观察图 2–3–37 中钢丝绳不同的捻法，将正确的捻法形式填写到横线上。

图 2–3–37　按捻法形式分类

4）钢丝绳检查

①外观检查

查阅相关资料，对照表 2–3–59 给出的图示，写出各类常见故障的现象、出现原因及处理方法。

表 2–3–59　钢丝绳外观检查

故障类型图示	现象描述及出现原因	处理方法
	笼状畸变：	
	绳股挤出：	
	钢丝挤出：	
	绳径局部增大：	

续表

故障类型图示	现象描述及出现原因	处理方法
	扭结：	
	绳径局部减小：	
	机械损伤：	
	疲劳断裂：	
	弯折：	
	生锈：	
	断丝：	

②磨损程度

根据《电梯监督检验和定期检验规则》(TSG T7001—2009)，了解相关标准，对照图 2-3-38 和图 2-3-39 所示钢丝绳磨损的测量位置和测量方法，将后面的空白补充完整。

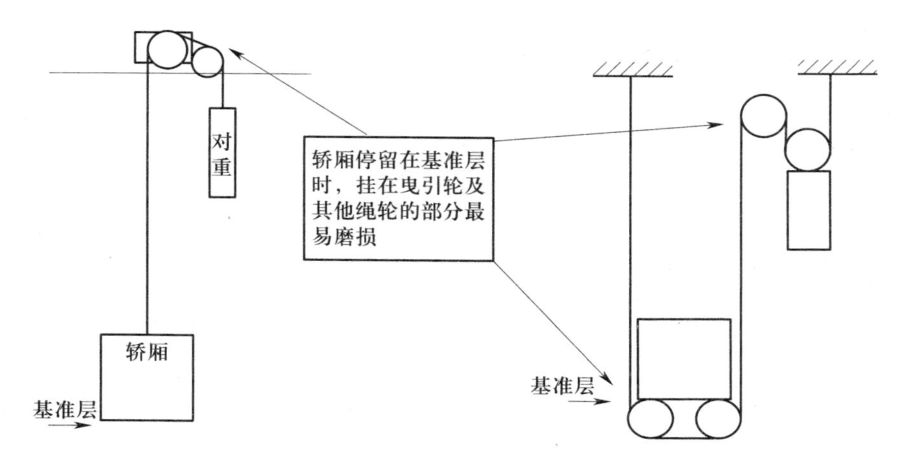

图 2-3-38　钢丝绳磨损测量位置

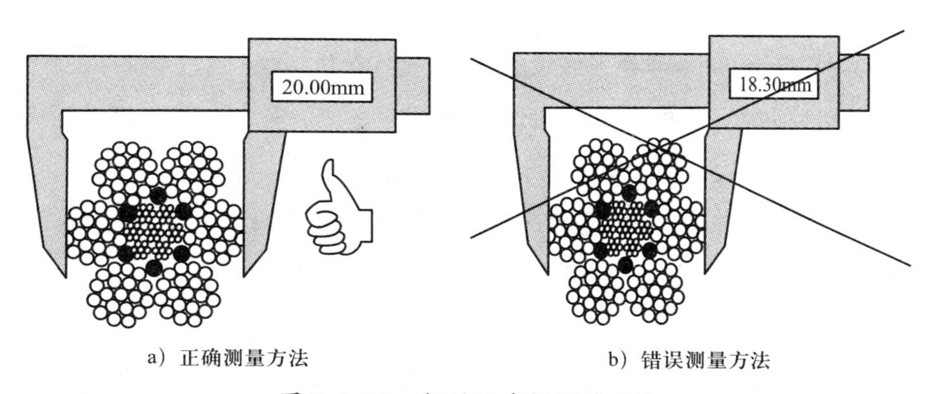

a）正确测量方法　　b）错误测量方法

图 2-3-39　钢丝绳磨损测量方法

定期测量并记录最容易磨损部分的直径变化情况、磨损长度。

测量时，以相距至少________的两点进行，在每点相互垂直的方向上测量________次，测量值的平均值即为钢丝绳的实测________。

当出现下列情况之一时，钢丝绳应当报废：

a．出现笼状畸变、绳股挤出、扭结、弯折等；

b．断丝分散出现在整条钢丝绳，任何一个捻距内单股的断丝数大于________根；或者断丝集中在钢丝绳某一部位或一股，一个捻距内断丝总数大于 12 根（对于股数为 6 的钢丝绳）或者大于________根（对于股数为 8 的钢丝绳）。

c．磨损后的钢丝绳直径小于钢丝绳公称直径的________。

③曳引绳张力

根据《电梯安装验收规范》（GB/T 10060—2011），查阅相关资料，对照图 2-3-40，了解曳引绳张力的测量方法，将后面的空白补充完整。

轿厢停靠在井道适当的高度（一般用弹簧测力计水平拉曳引绳时，用 100 N 的力可移动 100 ~ 150 mm 左右即可），用弹簧测力计将曳引绳逐根水平拉动，拉动的距离应相同，一般不小于 100 mm。记录每根绳拉动的力（一般 80 ~ 100 N），计算其平均值，再将每根绳拉力与平均值比较。

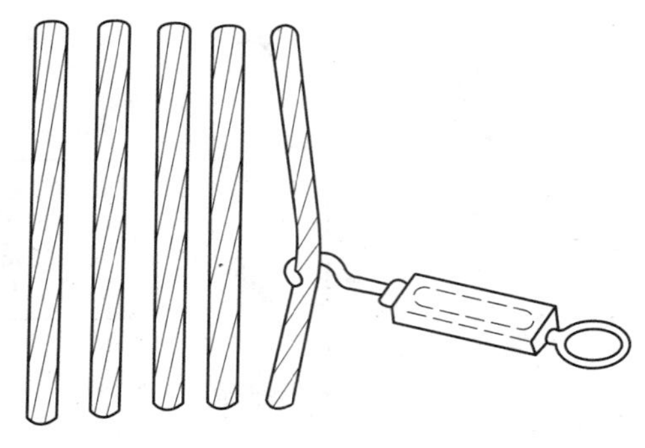

图 2-3-40　曳引绳张力测量方法

张力应均匀，每根绳的张力与全部绳张力的平均值偏差不大于________。

（6）对重装置

1）电梯平衡系统

如图 2-3-41 所示，电梯平衡系统包括对重装置和补偿装置。通过电梯平衡系统使对重与轿厢能达到相对平衡，在电梯运行中即使载重发生变化，仍然能保证对重和轿厢间的重量差保持在较小限额之内，保障电梯运行平稳、舒适。

电梯平衡系统由导向轮、轿厢钢丝绳、平衡补偿装置、轿厢、对重、曳引轮（曳引机）等组成。观察图 2-3-41 中各个部件的组成，将正确的名称填写到横线上。

2）对重装置

①如图 2-3-42 所示，对重装置由对重导靴、对重块、缓冲器撞头、对重锁紧、对重绳头（对重反绳轮）、对重架等部件组成。观察图中各个部件的组成，将正确的名称填写到横线上。

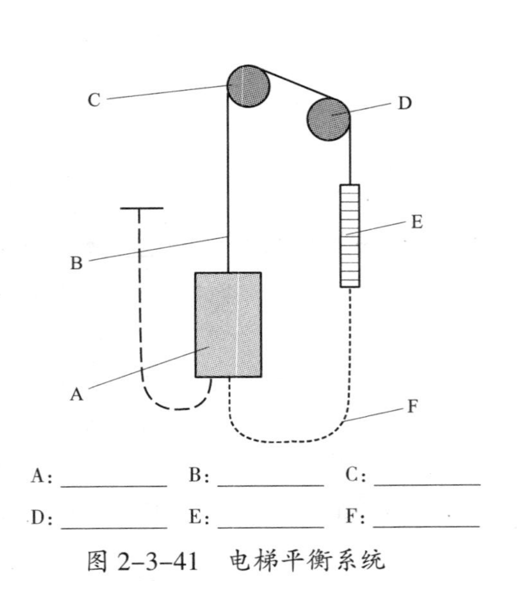

A: ________　B: ________　C: ________

D: ________　E: ________　F: ________

图 2-3-41　电梯平衡系统

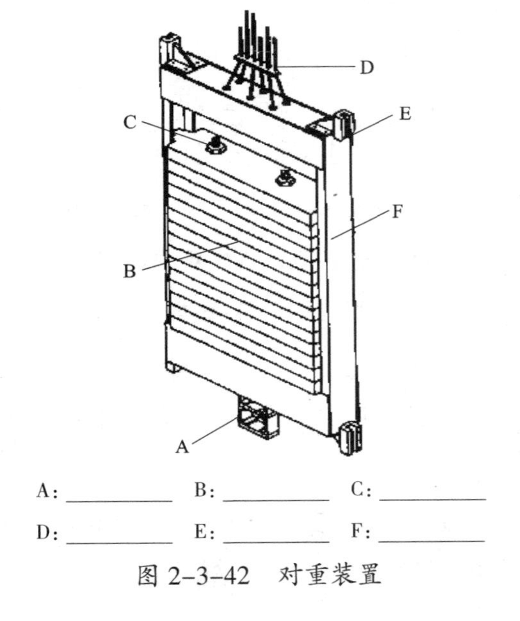

A: ________　B: ________　C: ________

D: ________　E: ________　F: ________

图 2-3-42　对重装置

②对重装置的主要作用是什么？

③对重块由什么材料制成？一般有哪几种规格？适用于哪种电梯？

3）补偿装置

补偿装置（compensating device）是用来补偿电梯运行时因曳引绳造成的轿厢和对重两侧重量不平衡的部件，如图 2-3-43 所示。

当电梯提升高度超过 30 m 时，曳引绳和电缆的重量会影响电梯的平衡状态，补偿装置就是为了补偿这个不平衡而设置的。

一般补偿装置安装在轿厢和对重下面，当电梯位于最高层时，曳引绳大部分在对重侧，而补偿装置大部分在轿厢侧；当电梯位于最低层时，则补偿装置大部分在对重侧。由此，能很好地补偿曳引绳形成的重量差。

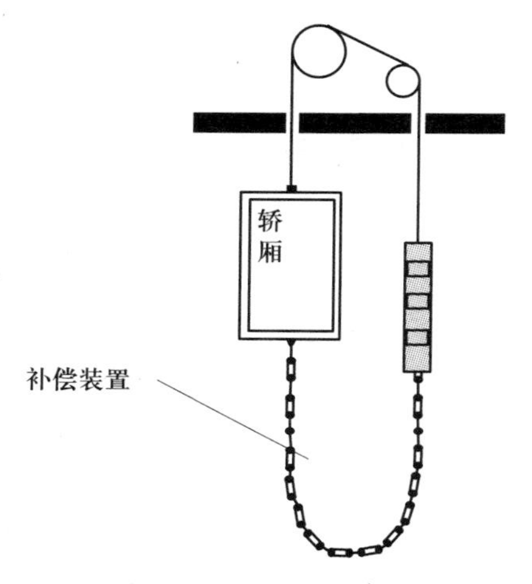

图 2-3-43　补偿装置

（7）平层装置

平层（leveling）是指在平层区域内，使轿厢地坎平面与层门地坎平面达到同一平面的运动。一般有具体的平层误差规定，如平层时两平面相差不得超过 5 mm。平层停车过程需在轿厢底面与停车楼面相平之前开始，先减速，再制动，以满足平层的准确性及乘客的舒适感要求。

平层装置（leveling device）是指在平层区域内，使轿厢达到平层准确度要求的装置，如图 2-3-44 所示，主要由下平层感应器、上平层感应器、各楼层感应器组成。当轿厢上设置的隔磁板插入感应器时，发出位置信号，并通过楼层指示器指示。观察图中各个部件的组成，将正确的名称填写到横线上。

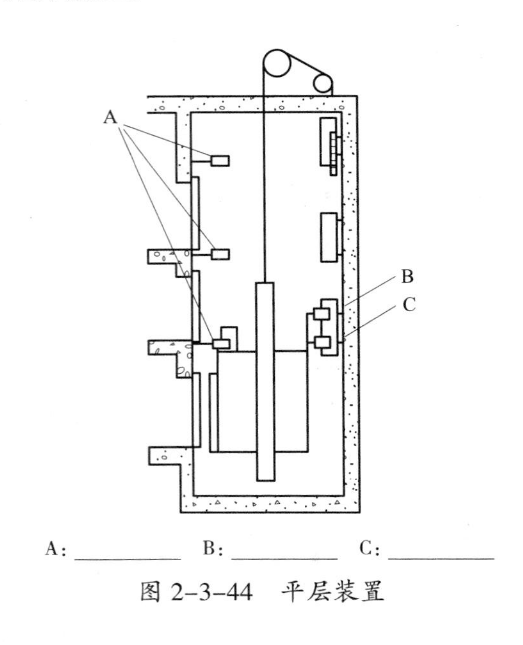

A：__________ B：__________ C：__________

图 2-3-44 平层装置

（8）极限开关

极限开关（limit swich）是轿厢运行超越端站停止开关后，在轿厢或对重装置接触缓冲器之前，强迫电梯停止的安全装置。为了保证电梯不会向上碰撞井道顶部，即“冲顶”，向下不会碰撞井道底部，即“蹲底”，一般会在电梯井道的上、下部分设置保护开关，即井道极限开关。

如图 2-3-45 所示，极限开关系统包括轿厢上撞弓、上极限开关、上换速开关、上限位开关、轿厢下撞弓、下极限开关、下换速开关、下限位开关、轿厢、导轨等。观察图中各个部件的组成，将正确的名称填写到横线上。

2．实施轿顶及相关设备的保养

依据电梯井道保养工作要求，按照相关国家标准和规则，遵循轿顶及相关设备保养流程要求，通过检查、清洁、润滑，实施轿顶及相关设备保养（包括轿顶设备、导靴、钢丝绳及对重装置等设备的保养），完成后进行自检，确保电梯能够正常运行，操作过程应符合安全操作规范和 6S 管理内容的要求，并做好记录。

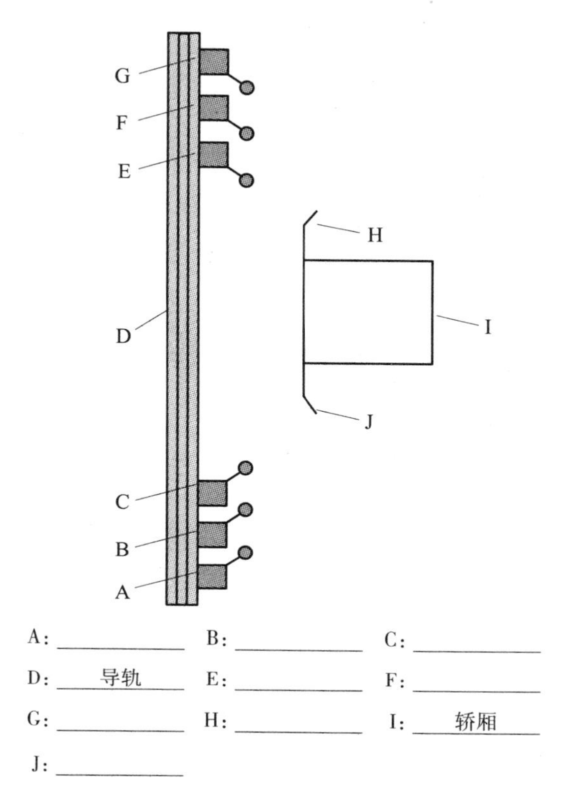

图 2-3-45　极限开关

查阅相关资料，了解轿顶及相关设备的保养步骤和要求，根据表 2-3-60 ~ 表 2-3-68 完成操作，并将其中的空白补充完整。

（1）清洁轿厢顶部（表 2-3-60）

表 2-3-60　清洁轿厢顶部

图示及步骤描述	实施技术要求	实施记录
1. 清洁轿顶	轿顶各装置用抹布、刷子或吸尘器进行清洁	轿顶装置清洁： □已完成

续表

图示及步骤描述	实施技术要求	实施记录
 2．清洁导轨	导轨表面油脂清洁，用煤油或专用清洁剂清洁导轨表面油污	1．检查导轨表面是否有油污： □是 □否 2．开展油污清洁： □已完成

（2）检查松动（表 2-3-61）

表 2-3-61 检查松动

图示及步骤描述	实施技术要求	实施记录
 1．检查轿顶各螺栓	确保螺栓无松动	检查螺栓是否松动： □正常 □松动 若松动，进行锁紧： □已完成
 2．检查护栏各螺栓	确保螺栓无松动	检查螺栓是否松动： □正常 □松动 若松动，进行锁紧： □已完成
 3．检查导轨固定螺栓	确保螺栓无松动	检查螺栓是否松动： □正常 □松动 若松动，进行锁紧： □已完成

续表

图示及步骤描述	实施技术要求	实施记录
 4．检查对重各螺栓	确保螺栓无松动	检查螺栓是否松动： □正常　□松动 若松动，进行锁紧： □已完成
 5．检查极限开关各螺栓	确保螺栓无松动	检查螺栓是否松动： □正常　□松动 若松动，进行锁紧： □已完成
 6．检查平层装置各螺栓	确保螺栓无松动	检查螺栓是否松动： □正常　□松动 若松动，进行锁紧： □已完成
 7．检查控制箱连接线	确保连接线无松动	检查连接线是否松动： □正常　□松动 若松动，进行锁紧： □已完成

续表

图示及步骤描述	实施技术要求	实施记录
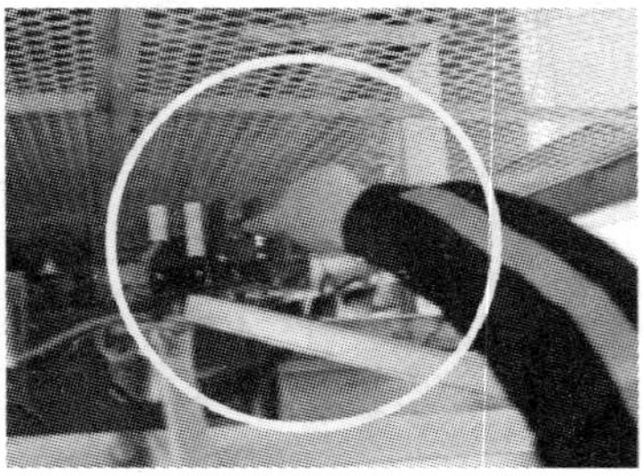 8. 检查平层连接线	确保连接线无松动	检查连接线是否松动： □正常 □松动 若松动，进行锁紧： □已完成
 9. 检查极限开关连接线	确保连接线无松动	检查连接线是否松动： □正常 □松动 若松动，进行锁紧： □已完成

（3）检查轿顶设备运行（表 2-3-62）

表 2-3-62 检查轿顶设备运行

图示及步骤描述	实施技术要求	实施记录
 1. 检查轿顶风机	轿顶风机运行正常	检查轿顶风机是否正常： □正常 □不正常 若不正常，进行维修： □已完成
 2. 检查轿厢照明	轿厢照明正常	检查轿厢照明是否正常： □正常 □不正常 若不正常，进行维修： □已完成

（4）检查钢丝绳（表 2–3–63）

表 2–3–63　检查钢丝绳

图示及步骤描述	实施技术要求	实施记录
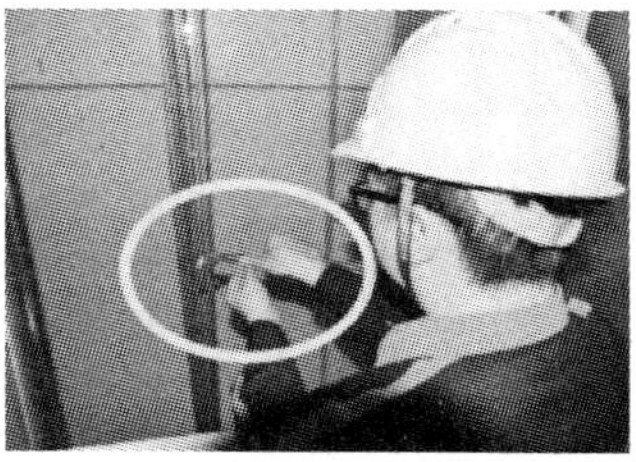 每隔 1 m 测量钢丝绳的直径，在每点相互垂直方向上测量 2 次，4 次测量的平均值为钢丝绳的实测直径	当出现下列情况之一时，钢丝绳应当报废： （1）出现笼状畸变、绳股挤出、扭结、弯折等； （2）断丝分散出现在整条钢丝绳，任何一个捻距内单股的断丝数大于 4 根；或者断丝集中在钢丝绳某一部位或一股，一个捻距内断丝总数大于 12 根（对于股数为 6 的钢丝绳）或者大于 16 根（对于股数为 8 的钢丝绳）； （3）磨损后的钢丝绳直径小于钢丝绳公称直径的 90%	1. 测量的直径值： （1）点 1 方向 1 为________； （2）点 1 方向 2 为________； （3）点 2 方向 1 为________； （4）点 2 方向 2 为________； 2. 计算得到实测直径：__________； 3. 钢丝绳原直径：__________； 4. 判断钢丝绳是否正常： □正常　□不正常 若不正常，进行维修： □已完成
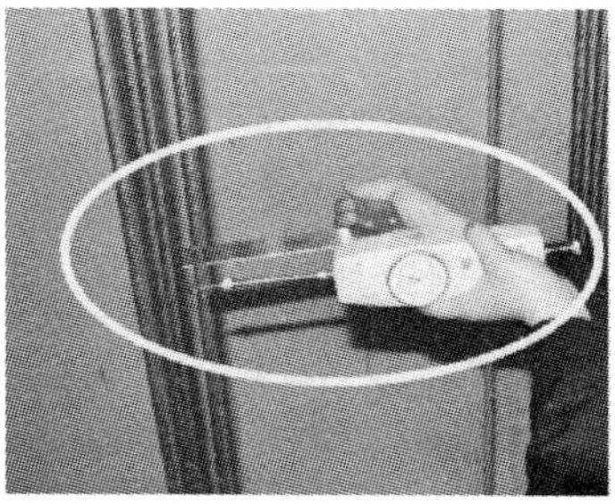 测量钢丝绳的张力	每根钢丝绳的张力与平均值偏差不大于 5%，应保持均匀	1. 测量每根钢丝绳的张力： （1）钢丝绳 1 为________ （2）钢丝绳 2 为________ （3）钢丝绳 3 为________ （4）钢丝绳 4 为________ （5）钢丝绳 5 为________ 2. 计算平均张力：________ 3. 计算最大偏差：________ 4. 判断钢丝绳是否正常： □正常　□不正常 若不正常，进行维修： □已完成

(5)检查导靴(表 2-3-64)

表 2-3-64 检查导靴

图示及步骤描述	实施技术要求	实施记录
1. 导靴润滑的检查	油位在 1/4 ~ 3/4 油盒高度之间	1. 检查油位值，为________； 2. 检查油位要求： □正常 □加油
2. 导靴间隙的检查	1. 滑动导靴时，导轨顶面与两导靴内表面间隙之和在 2 ~ 4 mm； 2. 滚动导靴时没有间隙，但弹簧伸缩量在 2 ~ 2.5 mm 之间	1. 导靴类型： □滑动 □滚动 2. 若为滑动导靴，导轨顶面与两导靴内表面间隙之和为________ mm 3. 若为滚动导靴，其弹簧伸缩量： (1)导靴 1 为________ (2)导靴 2 为________ 4. 判断导靴功能： □正常 □不正常 若不正常，进行维修： □已完成

(6)检查五方通话装置(表 2-3-65)

表 2-3-65 检查五方通话装置

图示及步骤描述	实施技术要求	实施记录
检查轿顶通话装置	轿顶五方通话功能正常	检查五方通话功能： □正常 □不正常 若不正常，进行维修： □已完成

（7）检查平层装置（表 2-3-66）

表 2-3-66　检查平层装置

图示及步骤描述	实施技术要求	实施记录
	平层装置功能正常	检查平层装置功能： □正常　□不正常 若不正常，进行维修： □已完成

（8）检查对重装置（表 2-3-67）

表 2-3-67　检查对重装置

图示及步骤描述	实施技术要求	实施记录
1．检查对重导靴	油位在 1/4 ~ 3/4 油盒高度之间	1．检查油位值，为________； 2．检查油位要求： □正常　□加油
2．检查对重块的紧固	对重块锁紧牢固	对重块的锁紧： □紧固　□松动 若松动，进行锁紧： □已完成

续表

图示及步骤描述	实施技术要求	实施记录
3．检查对重块的块数	对重块的数量符合要求	对重块的数量：________
4．检查对重绳头	绳头或反绳轮功能正常	1．绳头紧固： □可靠 □不可靠 2．反绳轮功能： □正常 □不正常 若不正常，进行维修： □已完成

（9）检查撞弓和极限开关（表 2–3–68）

表 2–3–68 检查撞弓和极限开关

图示及步骤描述	实施技术要求	实施记录
1．检查撞弓	撞弓固定可靠	检查撞弓固定： □可靠 □不可靠 若不可靠，进行维修： □已完成
2．检查上换速开关	上换速开关功能正常	检查上换速开关功能： □正常 □不正常 若不正常，进行维修： □已完成

续表

图示及步骤描述	实施技术要求	实施记录
3．检查上限位开关	上限位开关功能正常	检查上限位开关功能： □正常　□不正常 若不正常，进行维修： □已完成
4．检查上极限开关	上极限开关功能正常	检查上极限开关功能： □正常　□不正常 若不正常，进行维修： □已完成

六、实施安全进出底坑相关设备检查

1．认识安全进出底坑相关设备

依据企业工作流程，通过查阅相关参考书、技术手册、网络资源和分析电梯电气原理图的安全回路部分，总结电梯底坑的布置方式和组成，分析底坑照明回路的控制原理。

（1）底坑

底坑（pit）是底层端站地面以下的井道部分，如图 2-3-46 所示，主要由爬梯、轿厢缓冲器、底坑检修操作箱、下保护（下换速、下限位、下极限）开关、对重缓冲器、限速器张紧装置、导轨及油槽等组成。观察图中各个部件的组成，将正确的名称填写到横线上。

（2）底坑照明

如图 2-3-47 所示，底坑照明为一双联开关，SW1 为底坑照明上控制开关，SW2 为底坑照明下控制开关，LM 为底坑照明。

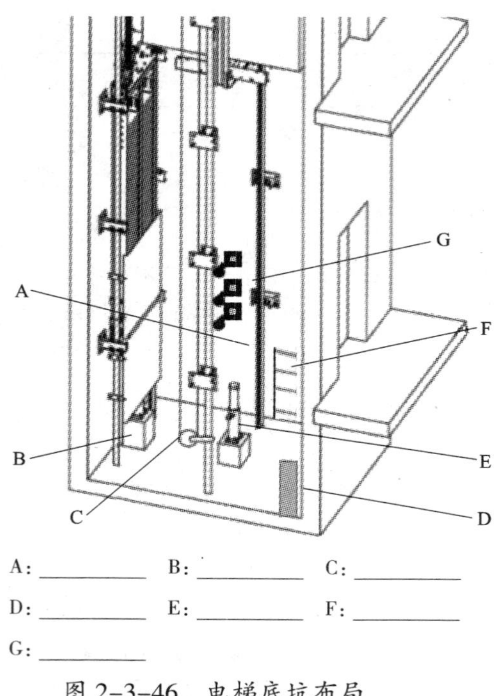

图 2-3-46　电梯底坑布局

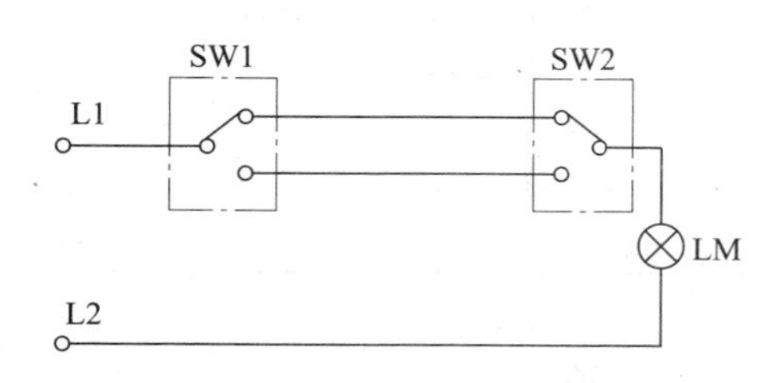

图 2-3-47　底坑照明回路工作原理

根据图示，写出底坑照明回路工作原理。

（3）爬梯操作方法

1）爬梯在底坑的位置

如图 2-3-48 所示，爬梯在底坑有 A、B、C 三个可能位置，分布在底坑的两侧和层门的下部。

2）爬梯的操作

爬梯的操作如图 2-3-49 所示。工作人员在进出爬梯的过程中，必须保持两点接触还是三点接触？为什么？

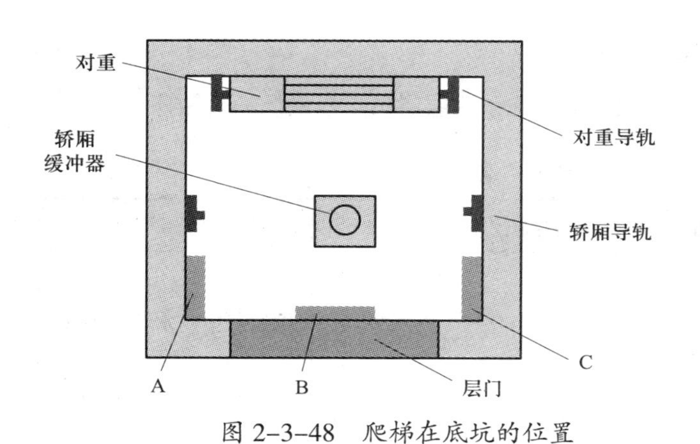

图 2-3-48　爬梯在底坑的位置

图 2-3-49　爬梯的操作

2．实施安全进出底坑相关设备检查

依据电梯井道保养工作的要求，按照相关国家标准和规则，遵循安全进出底坑相关设备检查流程，通过检查、清洁、润滑，实施安全进出底坑相关设备检查（包括门区、轿底位置、层门门锁、上急停、下急停、井道照明、底坑照明、底坑通话、爬梯等设备的检查），完成后进行自检，确保电梯能够正常运行，操作过程应符合安全操作规范和 6S 管理内容的要求，并做好记录。

（1）“一看”

轿底（car platform）也称为轿厢底，在轿厢底部，支撑载荷的组件。

“一看”指查看轿底位置，查阅相关资料，了解“一看”的步骤和要求，根据图 2-3-50 和表 2-3-69 ~ 表 2-3-75 完成操作，并将其中的空白补充完整。

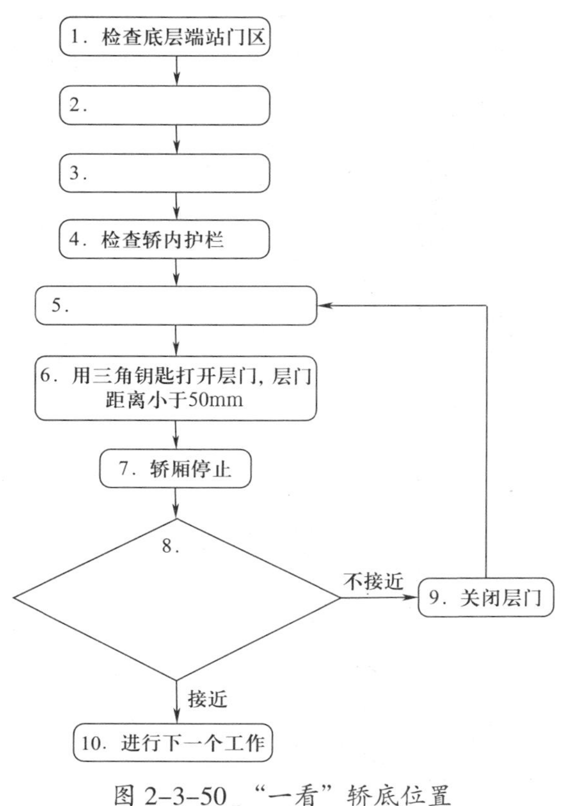

图 2-3-50　“一看”轿底位置

1）检查底层端站门区（表 2-3-69）

底层端站（bottom terminal landing）又称为底层层站，是最低的轿厢停靠站。

表 2-3-69 检查底层端站门区

图示	实施技术要求	实施记录
	1. 轿门地坎、层门地坎外观整洁； 2. 层门门口外观整洁	1. 检查轿门地坎、层门地坎的灰尘、水渍、油污等： □有 □无 2. 检查层门门口外观是否清洁、整齐： □是 □否 3. 检查目的： ________________ ________________ ________________

2）放置底层端站护栏（表 2-3-70）

表 2-3-70 放置底层端站护栏

图示	实施技术要求	实施记录
	层门外护栏放置在指定位置	1. 将层门入口处围住； □已完成 2. 护栏标识朝向： □外 □内 3. 放置层门护栏的目的： 防止乘客使用正在维保的电梯，避免发生意外

3）外呼上行（表 2-3-71）

表 2-3-71 外呼上行

图示	实施技术要求	实施记录
	在层站外呼电梯	在层站外呼电梯： □上行 □下行

4）检查轿内护栏（表 2-3-72）

表 2-3-72　检查轿内护栏

图示	实施技术要求	实施记录
	轿内护栏放置在指定位置	1. 护栏放置： □稳固　□不稳固 2. 护栏标识朝向： □门口　□其他位置

5）内呼轿厢（表 2-3-73）

表 2-3-73　内呼轿厢

图示	实施技术要求	实施记录
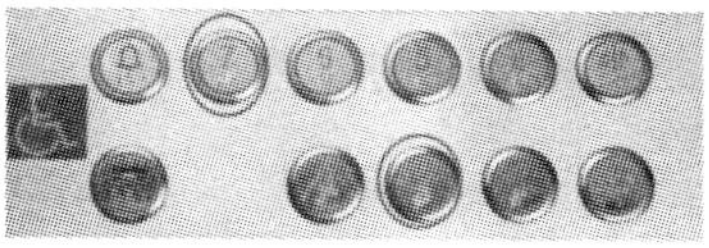	轿厢内呼（内呼电梯上一层和顶层），退出轿厢，电梯上行	若被保养电梯共有 7 层，现在在下底坑，进入轿厢后，需要内呼： □ 7 层　□ 6 层　□ 5 层 □ 4 层　□ 3 层　□ 2 层 □ 1 层

6）打开层门（表 2-3-74）

表 2-3-74　打开层门

图示	实施技术要求	实施记录
	层门打开宽度小于肩宽	1. 使用三角钥匙打开层门： □正确　□错误 2. 打开层门宽度是否符合要求： □是　□否

7）判断轿底位置（表 2-3-75）

表 2-3-75　　判断轿底位置

图示	实施技术要求	实施记录
	1. 轿底和层门底坑之间的距离能保证下底坑； 2. 在打开层门时能看到轿厢底部	观察轿顶位置是否符合下底坑： □符合，应当进行下一步 □不符合，应当关门，验门锁并重新呼梯

（2）“三验”

“三验”指验门锁、验上急停和验下急停。

1）“一验”门锁

查阅相关资料，了解“一验”门锁的步骤和要求，根据图 2-3-51 和表 2-3-76 ~ 表 2-3-79 完成操作，并将其中的空白补充完整。

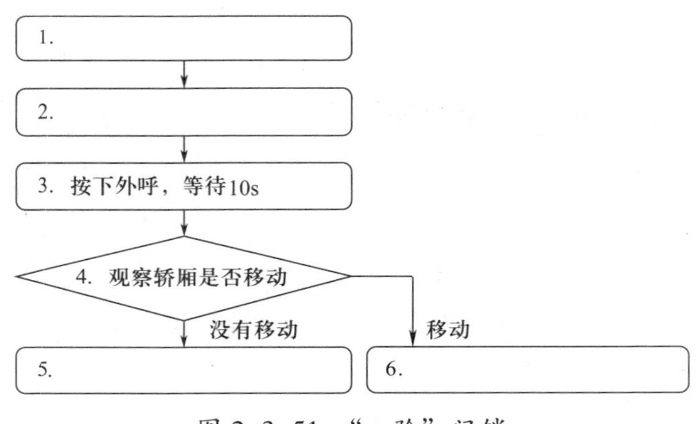

图 2-3-51　“一验”门锁

①记录轿底位置（表 2-3-76）

表 2-3-76　　记录轿底位置

图示	实施技术要求	实施记录
	观察轿底现在所处位置	观察轿底现在所处位置： □已完成

②放下顶门器（表 2–3–77）

表 2–3–77　　放下顶门器

图示	实施技术要求	实施记录
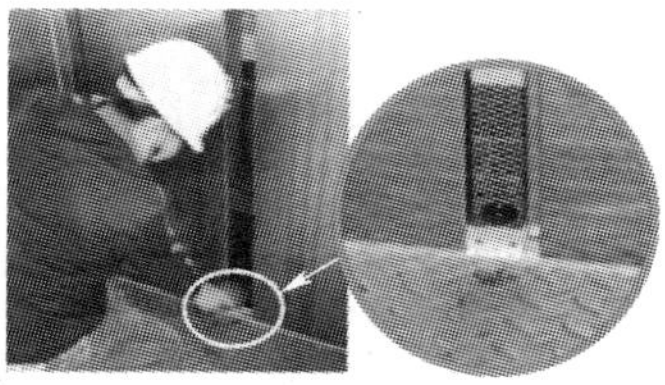	层门门缝宽度小于肩宽	放下顶门器： □已完成

③外呼电梯（表 2–3–78）

表 2–3–78　　外呼电梯

图示	实施技术要求	实施记录
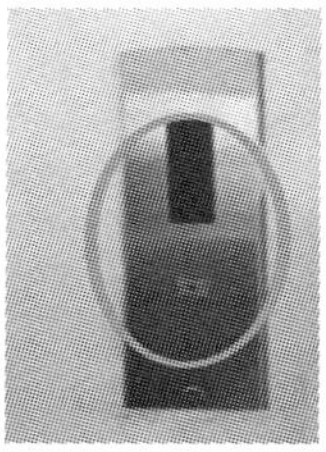	外呼电梯，等待 10 s	外呼电梯 10 s： □上行　□下行

④验证门锁（表 2–3–79）

表 2–3–79　　验证门锁

图示	实施技术要求	实施记录
	轿底不移动，门锁装置工作正常	通过门缝观察轿底移动情况： 1. □不移动，则门锁□有效 / □无效，进行下一个动作 2. □移动，则门锁□有效 / □无效，需要立即停电梯维修

2）“二验”上急停

查阅相关资料，了解“二验”上急停的步骤和要求，根据图 2-3-52 和表 2-3-80 ~ 表 2-3-86 完成操作，并将其中的空白补充完整。

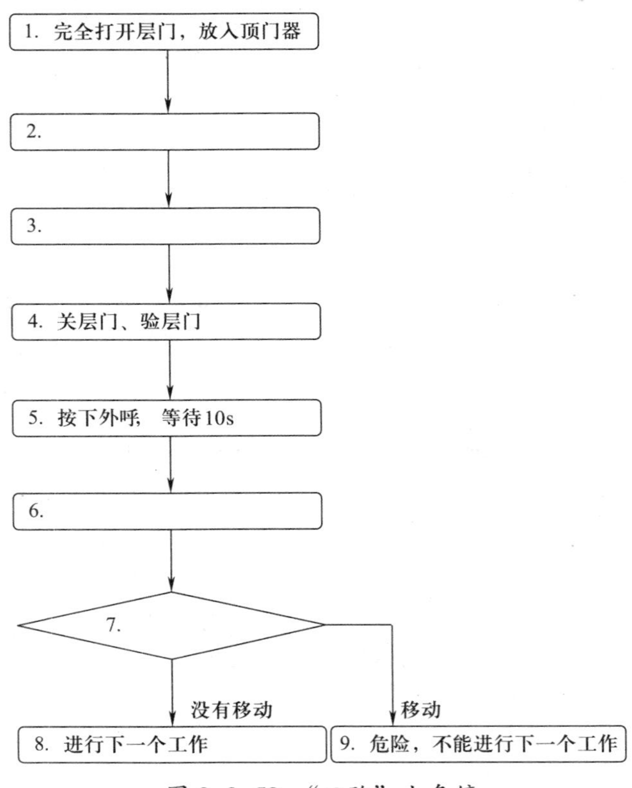

图 2-3-52 “二验”上急停

①完全打开层门，放入顶门器（表 2-3-80）

表 2-3-80 完全打开层门，放入顶门器

图示	实施技术要求	实施记录
	1. 重心在层站； 2. 脚前后站； 3. 从中部推开门； 4. 放下顶门器	1. 顶门器放置： □牢固 □松动 2. 层门打开状况： □完全打开 □未完全打开

②按下上急停开关（表 2-3-81）

表 2-3-81　按下上急停开关

图示	实施技术要求	实施记录
	1. 观察底坑情况； 2. 确认上急停开关位置； 3. 保持重心在层站； 4. 侧身，一手扶住门套，一手按下上急停开关	按下上急停开关： □已完成

③打开井道和底坑照明（表 2-3-82）

表 2-3-82　打开井道和底坑照明

图示	实施技术要求	实施记录
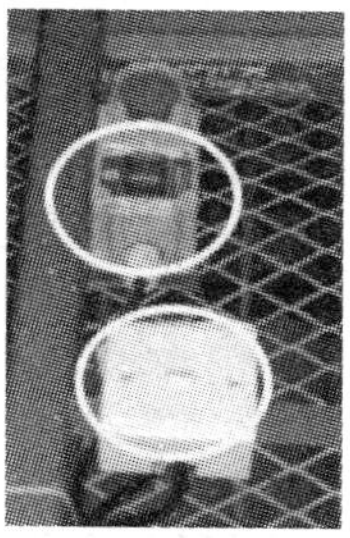	1. 观察底坑情况； 2. 确认井道照明位置； 3. 保持重心在层站； 4. 侧身，一手扶住门套，一手打开井道照明和底坑照明	1. 打开井道照明： □已完成 2. 打开底坑照明： □已完成

④关层门、验层门（表 2-3-83）

表 2-3-83　关层门、验层门

图示	实施技术要求	实施记录
	1. 取下顶门器，关掉层门，不能撞门； 2. 验证层门是否关好并上锁	1. 关层门过程中无撞门： □已完成 2. 关好层门： □已完成

⑤外呼电梯（表 2-3-84）

表 2-3-84 外呼电梯

图示	实施技术要求	实施记录
	外呼电梯，等待 10 s	外呼电梯： □上行 □下行

⑥打开层门（表 2-3-85）

表 2-3-85 打开层门

图示	实施技术要求	实施记录
	层门打开宽度小于肩宽	1. 使用三角钥匙打开层门： □操作正确 □操作错误 2. 打开层门宽度是否符合要求： □是 □否

⑦验证上急停开关（表 2-3-86）

表 2-3-86 验证上急停开关

图示	实施技术要求	实施记录
	轿厢不移动，上急停开关工作正常	通过门缝观察轿厢： 1. □不移动，则上急停开关□有效 / □无效，进行下一个动作； 2. □移动，则上急停□有效 / □无效，需要立即停电梯维修

3）“三验”下急停

查阅相关资料，了解“三验”下急停的步骤和要求，根据图 2–3–53 和表 2–3–87 ~ 表 2–3–95 完成操作，并将其中的空白补充完整。

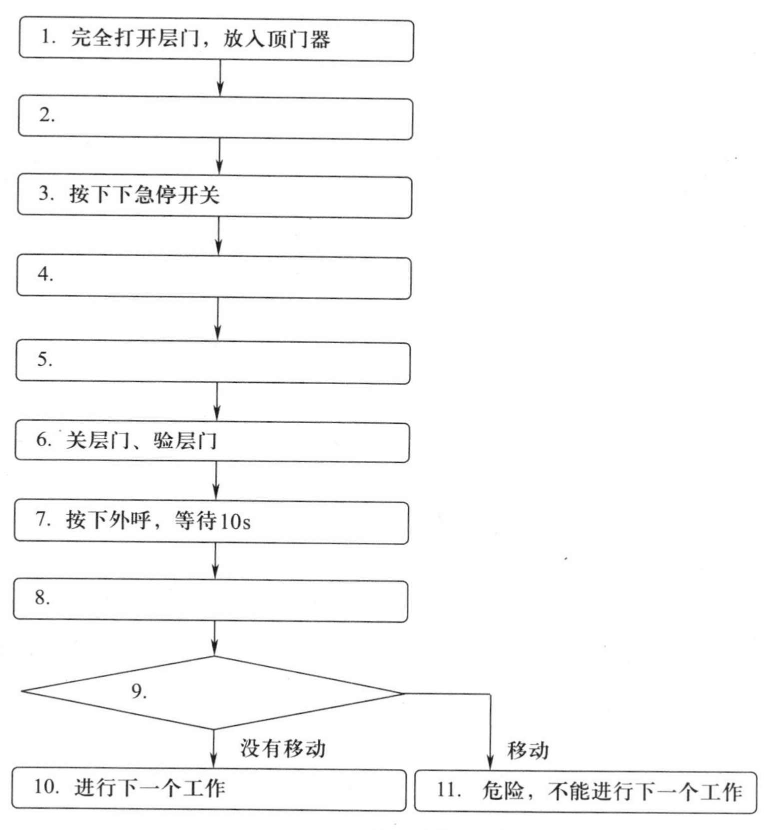

图 2–3–53　“三验”下急停

①完全打开层门，放入顶门器（表 2–3–87）

表 2–3–87　完全打开层门，放入顶门器

图示	实施技术要求	实施记录
	1. 重心在层站； 2. 脚前后站； 3. 从中部推开门； 4. 放下顶门器	1. 顶门器放置： □牢固　□松动 2. 层门打开状况： □完全打开　□未完全打开

②沿爬梯进入底坑（表 2-3-88）

表 2-3-88　　沿爬梯进入底坑

图示	实施技术要求	实施记录
	1. 观察底坑情况； 2. 保持三点接触	安全进入底坑： □已完成

③按下下急停开关（表 2-3-89）

表 2-3-89　　按下下急停开关

图示	实施技术要求	实施记录
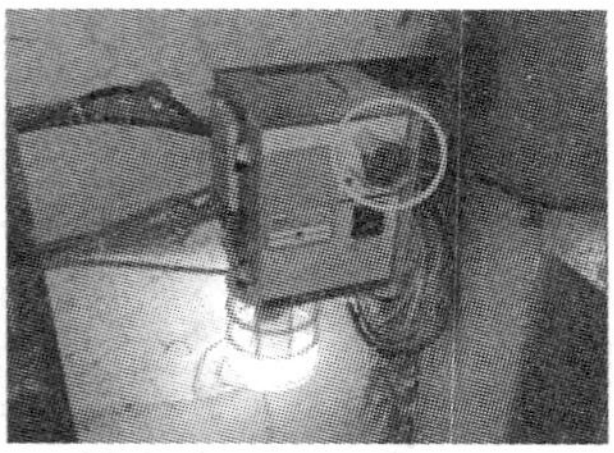	1. 观察底坑情况； 2. 确认下急停开关位置； 3. 确认按下下急停开关	按下下急停开关： □已完成

④沿爬梯爬出底坑（表 2-3-90）

表 2-3-90　　沿爬梯爬出底坑

图示	实施技术要求	实施记录
	1. 观察层站情况； 2. 注意保持三点接触	安全爬出底坑： □已完成

⑤恢复上急停开关（表 2-3-91）

表 2-3-91　恢复上急停开关

图示	实施技术要求	实施记录
	1．保持重心在层站； 2．侧身，一手扶住门套，一手恢复上急停开关	恢复上急停开关： □已完成

⑥关层门、验层门（表 2-3-92）

表 2-3-92　关层门、验层门

图示	实施技术要求	实施记录
	1．取下顶门器，关掉层门，不能撞门； 2．验证层门是否关好并上锁	1．关层门过程中无撞门： □已完成 2．关好层门： □已完成

⑦外呼电梯（表 2-3-93）

表 2-3-93　外呼电梯

图示	实施技术要求	实施记录
	外呼电梯，等待 10 s	外呼电梯： □上行　□下行

⑧打开层门（表 2–3–94）

表 2–3–94　　打开层门

图示	实施技术要求	实施记录
	层门打开宽度小于肩宽	1. 使用三角钥匙打开层门： □操作正确　□操作错误 2. 打开层门宽度是否符合要求： □是　□否

⑨验证下急停开关（表 2–3–95）

表 2–3–95　　验证下急停开关

图示	实施技术要求	实施记录
	轿厢不移动，下急停开关工作正常	通过门缝观察轿厢： 1. □不移动，则下急停开关□有效 / □无效，进行下一个动作； 2. □移动，则下急停□有效 / □无效，需要立即停电梯维修

（3）安全进入底坑

查阅相关资料，了解安全进入底坑的步骤和要求，根据图 2–3–54 和表 2–3–96 ~ 表 2–3–99 完成操作，并将其中的空白补充完整。

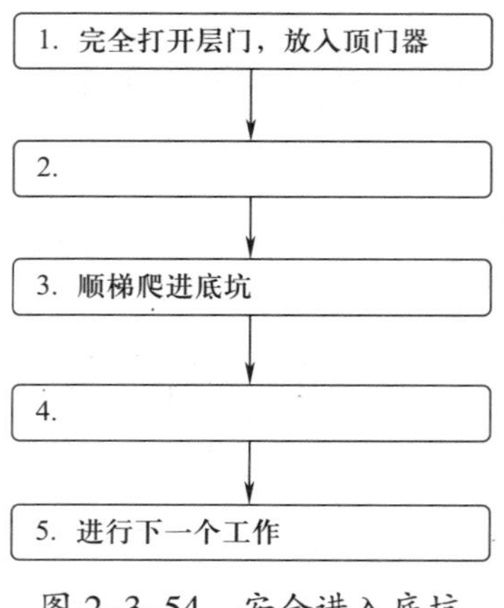

图 2–3–54　安全进入底坑

1）完全打开层门，放入顶门器（表 2-3-96）

表 2-3-96　完全打开层门，放入顶门器

图示	实施技术要求	实施记录
	1. 重心在层站； 2. 脚前后站； 3. 从中部推开门； 4. 放下顶门器	1. 顶门器放置： □牢固　□松动 2. 层门打开状况： □完全打开　□未完全打开

2）按下上急停开关（表 2-3-97）

表 2-3-97　按下上急停开关

图示	实施技术要求	实施记录
	1. 保持重心在层站； 2. 侧身，一手扶住门套，一手按下上急停开关	按下上急停开关： □已完成

3）沿爬梯进入底坑（表 2-3-98）

表 2-3-98　沿爬梯进入底坑

图示	实施技术要求	实施记录
	1. 观察底坑情况； 2. 保持三点接触	安全进入底坑： □已完成

4）关门、放双顶门器（表 2-3-99）

表 2-3-99 关门、放双顶门器

图示	实施技术要求	实施记录
	1. 在层门的两侧用双顶门器； 2. 中间门缝宽度小于 50 mm	1. 正确关层门： □已完成 2. 放双顶门器： □已完成 3. 门缝宽度： □合格 □不合格

（4）认识底坑设备

1）如图 2-3-55 所示，从层站往底坑观察，底坑设备包括对重缓冲器、补偿链、对重护栏、随行线缆、爬梯、井道照明、限速器张紧装置、下极限保护开关、导轨、导轨油槽、轿厢缓冲器等，写出图中各个字母所指代的设备名称。

2）如图 2-3-56 所示，从底坑往轿厢方向看，轿厢底部设备包括轿厢架、轿厢底部、安全钳和导靴，写出图中各个字母所指代的设备名称。

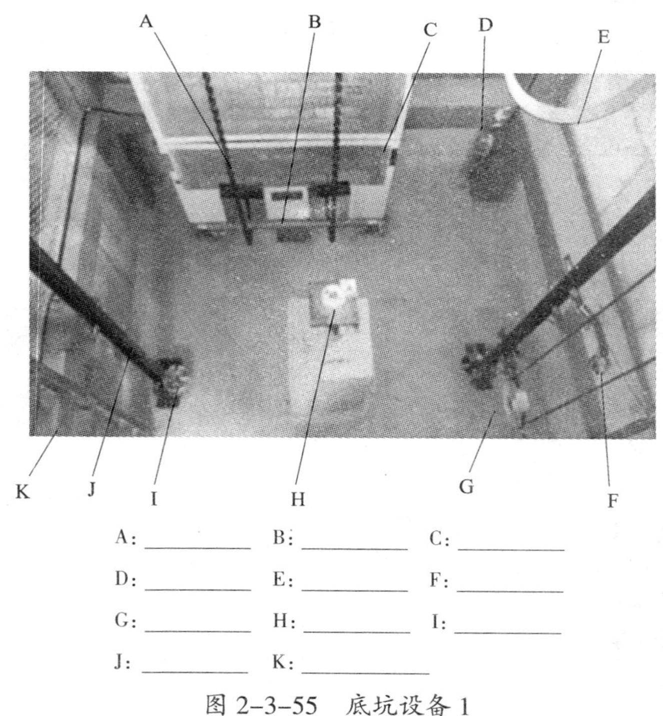

图 2-3-55 底坑设备 1

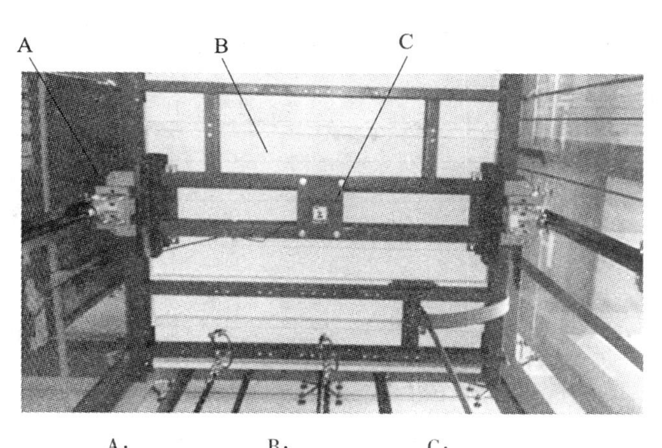

A：__________　B：__________　C：__________

图 2-3-56　底坑设备 2

3）如图 2-3-57 所示，从底坑往轿厢周围观察，底坑常见设备有下急停操作箱、层门护腿板、上急停操作箱、限速器张紧装置、爬梯等，写出图中各个字母所指代的设备名称。

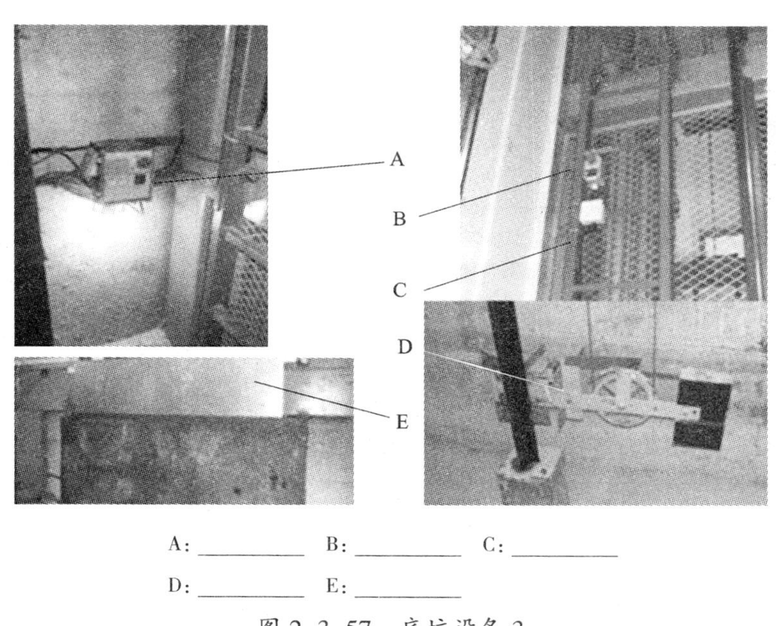

A：__________　B：__________　C：__________

D：__________　E：__________

图 2-3-57　底坑设备 3

（5）出底坑

查阅相关资料，了解出底坑的步骤和要求，根据图 2-3-58 和表 2-3-100 ~ 表 2-3-105 完成操作，并将其中的空白补充完整。

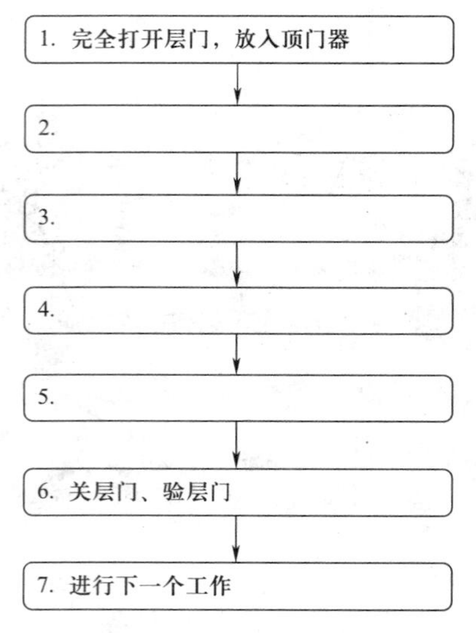

图 2-3-58　出底坑

1）完全打开层门，放入顶门器（表 2-3-100）

表 2-3-100　　完全打开层门，放入顶门器

图示	实施技术要求	实施记录
	1. 完全打开层门； 2. 放入顶门器	1. 顶门器放置： □牢固　□松动 2. 层门打开状况： □完全打开　□未完全打开

2）恢复下急停开关（表 2-3-101）

表 2-3-101　　恢复下急停开关

图示	实施技术要求	实施记录
	恢复下急停开关	恢复下急停开关： □已完成

3）沿爬梯爬出底坑（表 2-3-102）

表 2-3-102　沿爬梯爬出底坑

图示	实施技术要求	实施记录
	1. 观察层站情况； 2. 保持三点接触	安全爬出底坑： □已完成

4）关闭井道和底坑照明（表 2-3-103）

表 2-3-103　关闭井道和底坑照明

图示	实施技术要求	实施记录
	1. 保持重心在层站； 2. 侧身，一手扶住门套，一手关闭井道照明和底坑照明	关闭井道照明： □已完成 关闭底坑照明： □已完成

5）恢复上急停开关（表 2-3-104）

表 2-3-104　恢复上急停开关

图示	实施技术要求	实施记录
	1. 保持重心在层站； 2. 侧身，一手扶住门套，一手恢复上急停开关	恢复上急停开关： □已完成

6）关层门、验层门（表 2-3-105）

表 2-3-105　　　　关层门、验层门

图示	实施技术要求	实施记录
	1. 取下顶门器，关掉层门，不能撞门； 2. 验证层门是否关好并上锁	1. 关层门过程中无撞门： □已完成 2. 关好层门： □已完成

七、实施底坑设备保养

1. 认识底坑设备

依据企业工作流程，通过查阅相关参考书、技术手册、网络资源和观察底坑设备（缓冲器、下极限开关、轿底设备、限速器张紧装置等）的外观，总结常见缓冲器的种类、结构和应用，限速器张紧装置的组成和作用，轿底设备的组成，安全钳的类型、结构和应用等知识。

（1）急停操作箱

1）上急停操作箱

如图 2-3-59 所示，上急停操作箱中装有井道照明开关、底坑照明开关和上急停开关，写出图中各个字母所指代的设备名称。

2）下急停操作箱

如图 2-3-60 所示，下急停操作箱中装有五方通话开关、底坑照明开关（控制底坑照明）、下急停开关和底坑插座，写出图中各个字母所指代的设备名称。

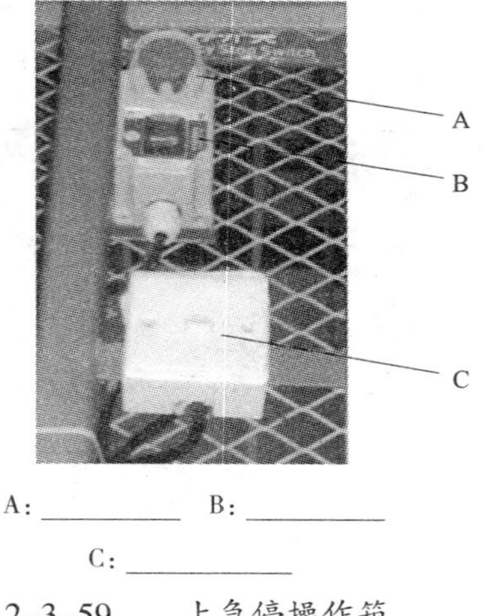

A：__________ B：__________

C：__________

图 2-3-59　上急停操作箱

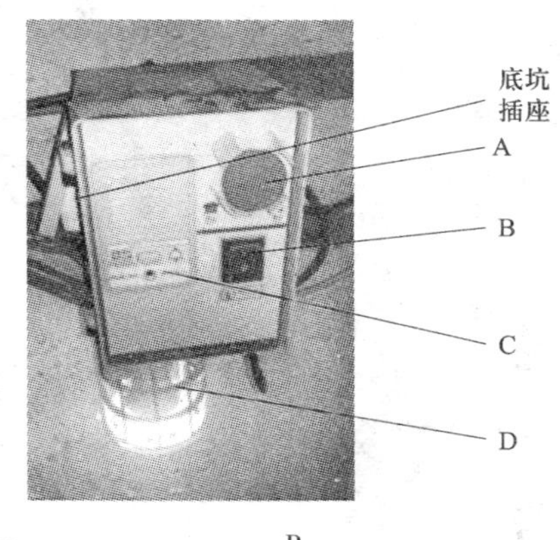

A：______________ B：______________

C：______________ D：______________

图 2-3-60　下急停操作箱

（2）缓冲器

缓冲器（buffer）是指位于行程端部，用来吸收轿厢或对重动能的一种缓冲安全装置。缓冲器是电梯最后一道安全装置，安装在井道底坑的地面上、轿厢和对重下方。轿厢方缓冲板的缓冲器称为轿厢缓冲器；对重下方缓冲板的缓冲器称为对重缓冲器。同一台电梯的轿厢缓冲器和对重缓冲器其结构是相同的。

常见的缓冲器有聚氨酯缓冲器、弹簧缓冲器、液压缓冲器等，查阅相关资料，将图 2-3-61 中各个缓冲器的名称写在横线上。

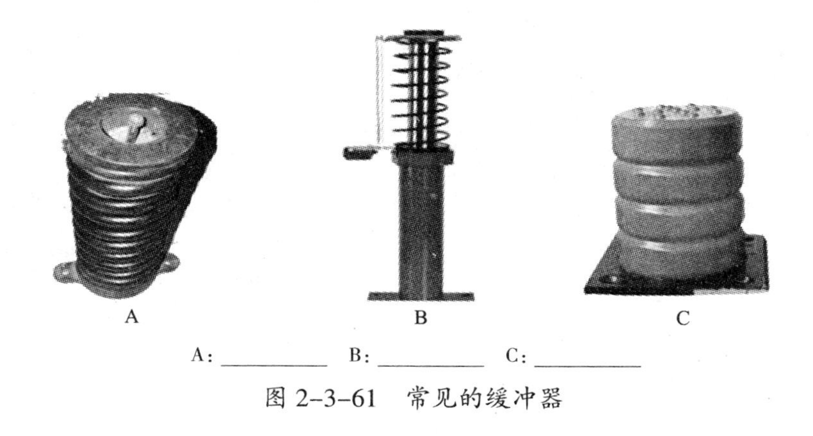

A：__________　B：__________　C：__________

图 2-3-61　常见的缓冲器

1）弹簧缓冲器

弹簧缓冲器（spring buffer）是以弹簧变形来吸收轿厢或对重动能的一种蓄能型缓冲器。弹簧缓冲器的特点是：

2）液压缓冲器

液压缓冲器（oil buffer）是以液体作为介质吸收轿厢或对重动能的一种耗能型缓冲器。液压缓冲器的特点是：

3）非线性缓冲器

非线性缓冲器（non-linear buffer）是以非线性材料来吸收轿厢或对重动能的一种蓄能型缓冲器。

聚氨酯缓冲器是一种典型的非线性缓冲器，其特点是：

（3）限速器张紧装置

1）如图 2-3-62 所示，限速器张紧装置主要由配重、支架、断绳开关、张紧绳轮组成，写出图中各个字母所指代的组成部分的名称。

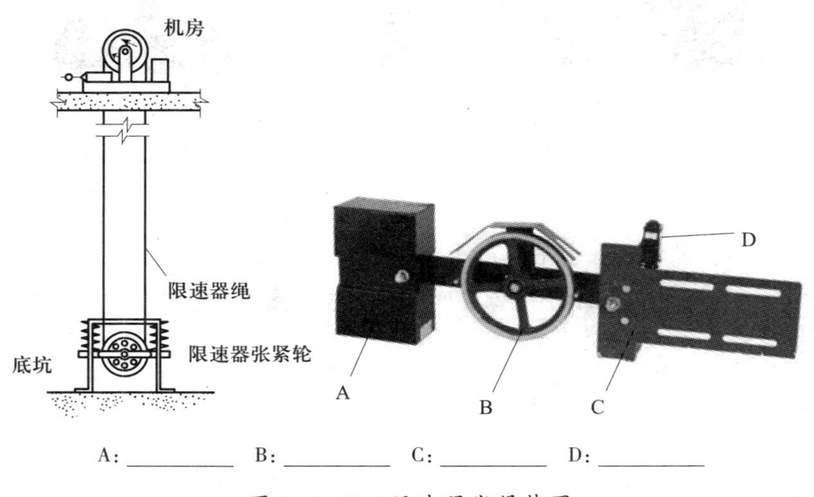

图 2-3-62 限速器张紧装置

2）限速器张紧装置的作用是什么?

（4）安全钳

安全钳（safety gear）是指限速器动作时，使轿厢或对重停止运行，保持静止状态，并能夹紧在导轨上的一种机械安全装置，其结构如图 2-3-63 所示。安全钳一般安装在轿厢底部。

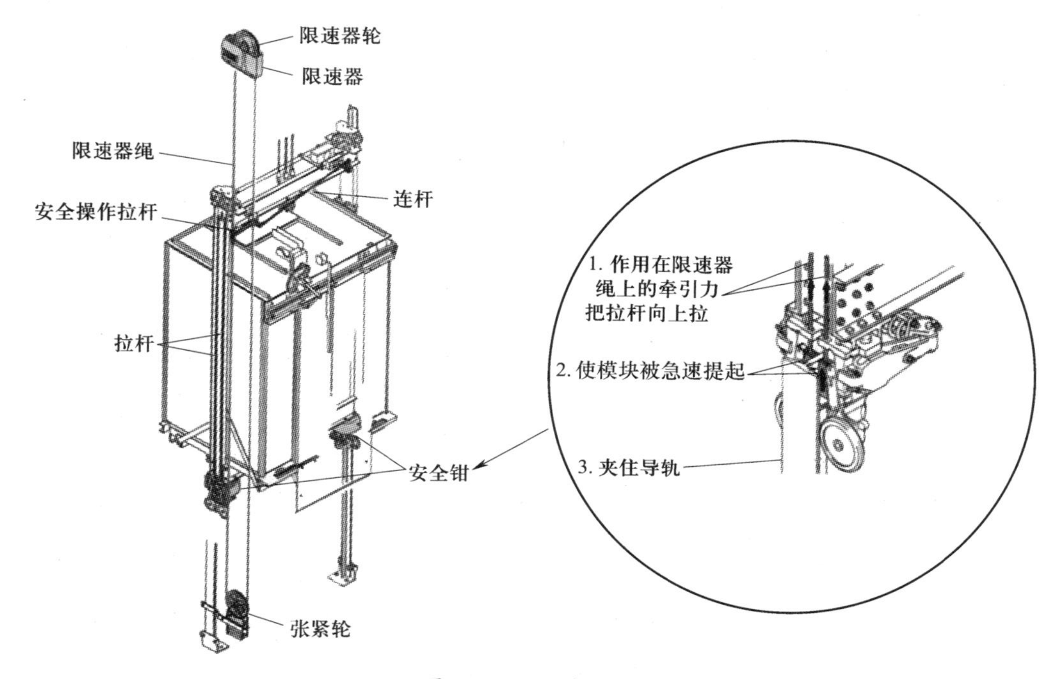

图 2-3-63　安全钳

1）安全钳的作用是什么？

2）常见的安全钳有瞬时式安全钳和渐进式安全钳两种。查阅相关资料，写出图 2-3-64 中两种安全钳的名称。

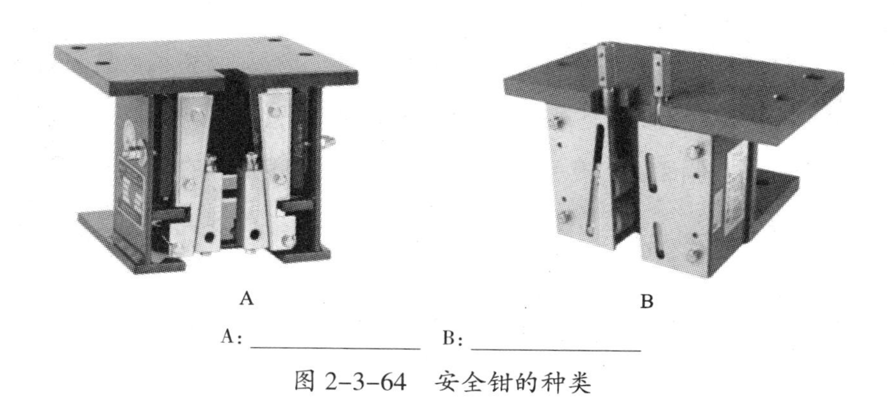

A：______________　B：______________

图 2-3-64　安全钳的种类

3）渐进式安全钳（progressive safety gear）是指采用弹性元件，使夹紧力逐渐达到最大值，最终能完全夹紧在导轨上的安全钳。渐进式安全钳的特点是：

4）瞬时式安全钳（instantaneous safety gear）是指能瞬时使夹紧力达到最大值，并能完全夹紧在导轨上的安全钳。瞬时式安全钳的特点是：

2．实施底坑设备的保养

依据电梯井道保养工作的要求，按照相关国家标准和规则，遵循底坑设备保养流程，通过检查、清洁、润滑，实施底坑设备保养（包括轿底设备、下急停操纵箱、轿厢缓冲器、对重缓冲器、限速器张紧装置、撞弓和极限开关、安全钳装置等的保养），完成后进行自检，确保电梯能够正常运行，操作过程应符合安全操作规范和6S管理内容的要求，并做好记录。

查阅相关资料，了解底坑设备保养的步骤和要求，根据表2–3–106～表2–3–112完成操作，并将其中的空白补充完整。

（1）清洁底坑（表 2–3–106）

表 2–3–106　清洁底坑

图示及步骤描述	实施技术要求	实施记录
 1．清洁底坑	1．底坑环境清洁； 2．用抹布、刷子、吸尘器等进行清洁	清洁底坑： □已完成
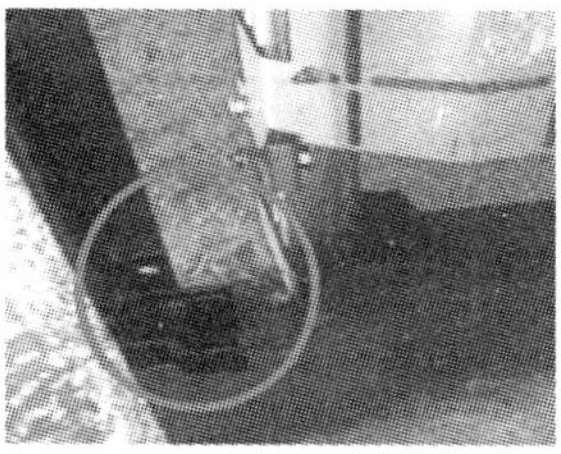 2．清理油污	1．用煤油或专业清洁剂清理导轨表面的油污； 2．清理导轨油槽	1．清理导轨表面的油污： □已完成 2．清理导轨油槽： □已完成
 3．清洁电气装置	底坑电气装置清洁、用刷子清理下急停操纵箱、下保护开关、缓冲器、限速器张紧装置	清洁电气装置： □已完成

（2）保养下急停操纵箱（表 2–3–107）

表 2–3–107　保养下急停操纵箱

图示	实施技术要求	实施记录
	1．接线无松动； 2．螺栓无松动	1．检查接线： □正常　□松动 2．检查螺栓松动： □正常　□松动 若松动，进行锁紧： □已完成

续表

图示	实施技术要求	实施记录
	底坑通话功能正常	检查底坑通话功能： □正常　□不正常 若不正常，进行维修： □已完成

（3）保养轿厢缓冲器（表 2-3-108）

表 2-3-108　　保养轿厢缓冲器

图示及步骤描述	实施技术要求	实施记录
1．明确缓冲器种类	确定缓冲器种类	□弹簧缓冲器 □液压缓冲器 □聚氨酯缓冲器
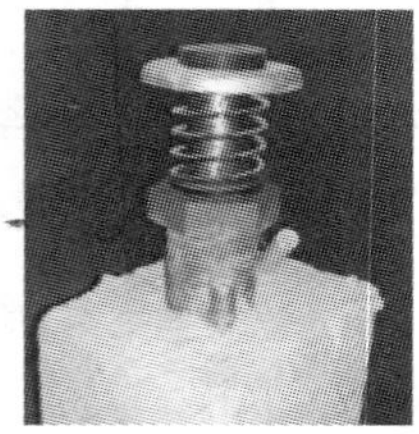 2．检查松动	1．接线无松动； 2．螺栓、螺母无松动	1．检查接线： □正常　□松动 2．检查螺栓、螺母： □正常　□松动 若松动，进行锁紧： □已完成
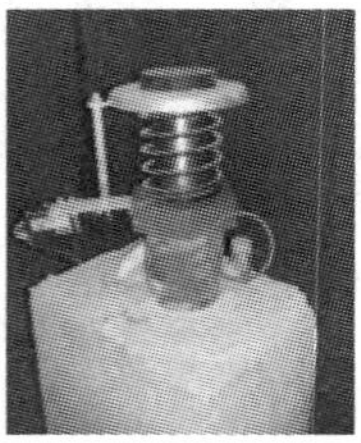 3．检查油位	油位在油尺范围内 （本项只针对液压缓冲器）	缓冲器油位： □正常　□已加油
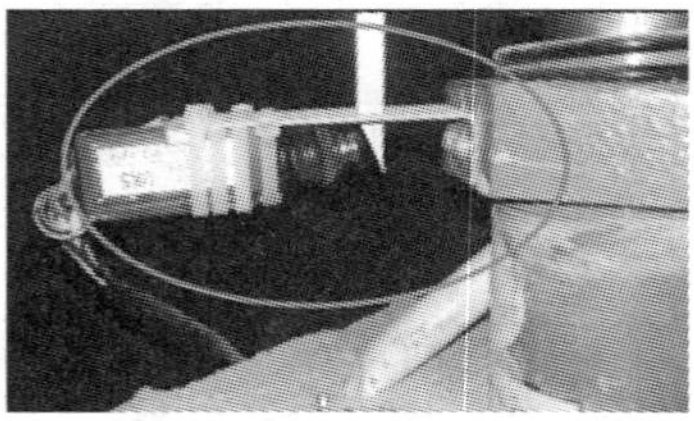 4．检查和复位缓冲器开关	开关运行灵活、触点有效	开关运行： □正常　□不正常 若不正常，进行维修： □已完成

（4）保养对重缓冲器（表 2-3-109）

表 2-3-109　保养对重缓冲器

图示及步骤描述	实施技术要求	实施记录
1. 明确缓冲器种类	确定缓冲器种类	□弹簧缓冲器 □液压缓冲器 □聚氨酯缓冲器
 2. 检查松动	1. 接线无松动； 2. 螺栓、螺母无松动	1. 检查接线： □正常　□松动 2. 检查螺栓、螺母： □正常　□松动 若松动，进行锁紧： □已完成
 3. 检查油位	油位在油尺范围内 （本项只针对液压缓冲器）	缓冲器油位： □正常　□已加油
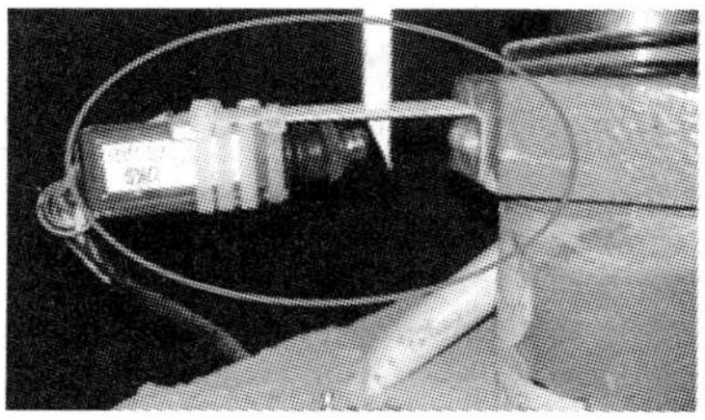 4. 检查和复位缓冲器开关	开关运行灵活、触点有效	开关运行： □正常　□不正常 若不正常，进行维修： □已完成

（5）保养限速器张紧装置（表 2-3-110）

表 2-3-110 保养限速器张紧装置

图示及步骤描述	实施技术要求	实施记录
 1. 检查松动	1. 各接线紧固、整齐、线号齐全清晰； 2. 螺栓、螺母无松动	1. 检查接线： □正常 □松动 2. 检查螺栓、螺母： □正常 □松动 若松动，进行锁紧： □已完成
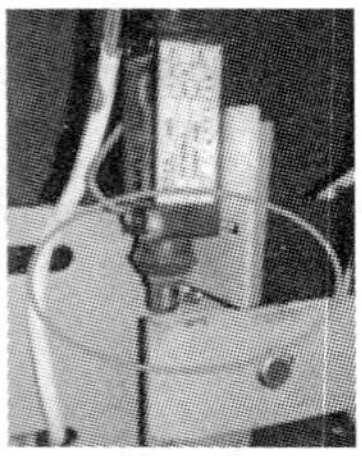 2. 检查和复位限速器断绳开关	1. 开关运行灵活、触点有效； 2. 开关动作尺寸为 50 ~ 100 mm	限速器断绳开关运行： □正常 □不正常 若不正常，进行维修： □已完成
 3. 检查配重与底坑地面的距离	1. 低速电梯：400 mm ± 50 mm； 2. 快速电梯：550 mm ± 50 mm； 3. 高速电梯：750 mm ± 50 mm	1. 测量配重与底坑地面的距离为：________ 2. 是否需要调整： □是 □否 若不正常，进行维修： □已完成
 4. 检查限速器张紧轮	1. 油污已清理，无严重油腻情况； 2. 绳槽磨损符合要求	1. 清理油污： □已完成 2. 检查绳槽磨损，能正常使用： □正常 □不正常 若不正常，进行维修： □已完成

续表

图示及步骤描述	实施技术要求	实施记录
5．检查挡绳杆位置	挡绳杆与钢丝绳距离应小于绳径的 1/2	1．测量挡绳杆的间隙：_____________； 2．测量钢丝绳的直径：_____________； 3．判断挡绳杆的位置： □合格　□不合格 若不合格，进行维修： □已完成

（6）检查撞弓和极限开关（表 2–3–111）

表 2–3–111　检查撞弓和极限开关

图示及步骤描述	实施技术要求	实施记录
1．检查撞弓	撞弓固定可靠	撞弓固定： □可靠　□不可靠 若不可靠，进行维修： □已完成
2．检查下换速开关	下换速开关功能正常	下换速开关功能： □正常　□不正常 若不正常，进行维修： □已完成
3．检查下限位开关	下限位开关功能正常	下限位开关功能： □正常　□不正常 若不正常，进行维修： □已完成

续表

图示及步骤描述	实施技术要求	实施记录
4．检查下极限开关	下极限开关功能正常	下极限开关功能： □正常 □不正常 若不正常，进行维修： □已完成

（7）保养安全钳装置（表 2–3–112）

表 2–3–112 保养安全钳装置

图示及步骤描述	实施技术要求	实施记录
1．清洁安全钳	安全钳清洁	清洁安全钳： □已完成
2．检查松动	1．各接线紧固、整齐、线号齐全清晰； 2．螺栓、螺母无松动，接线牢固、螺栓固定牢固	1．检查接线： □正常 □松动 2．检查螺栓： □正常 □松动 若松动，进行维修： □已完成
红色漆封 3．检查漆封是否完整	检查安全钳漆封完整，不得拆封调整	安全钳漆封： □完整 □不完整 若不完整，进行维修： □已完成

续表

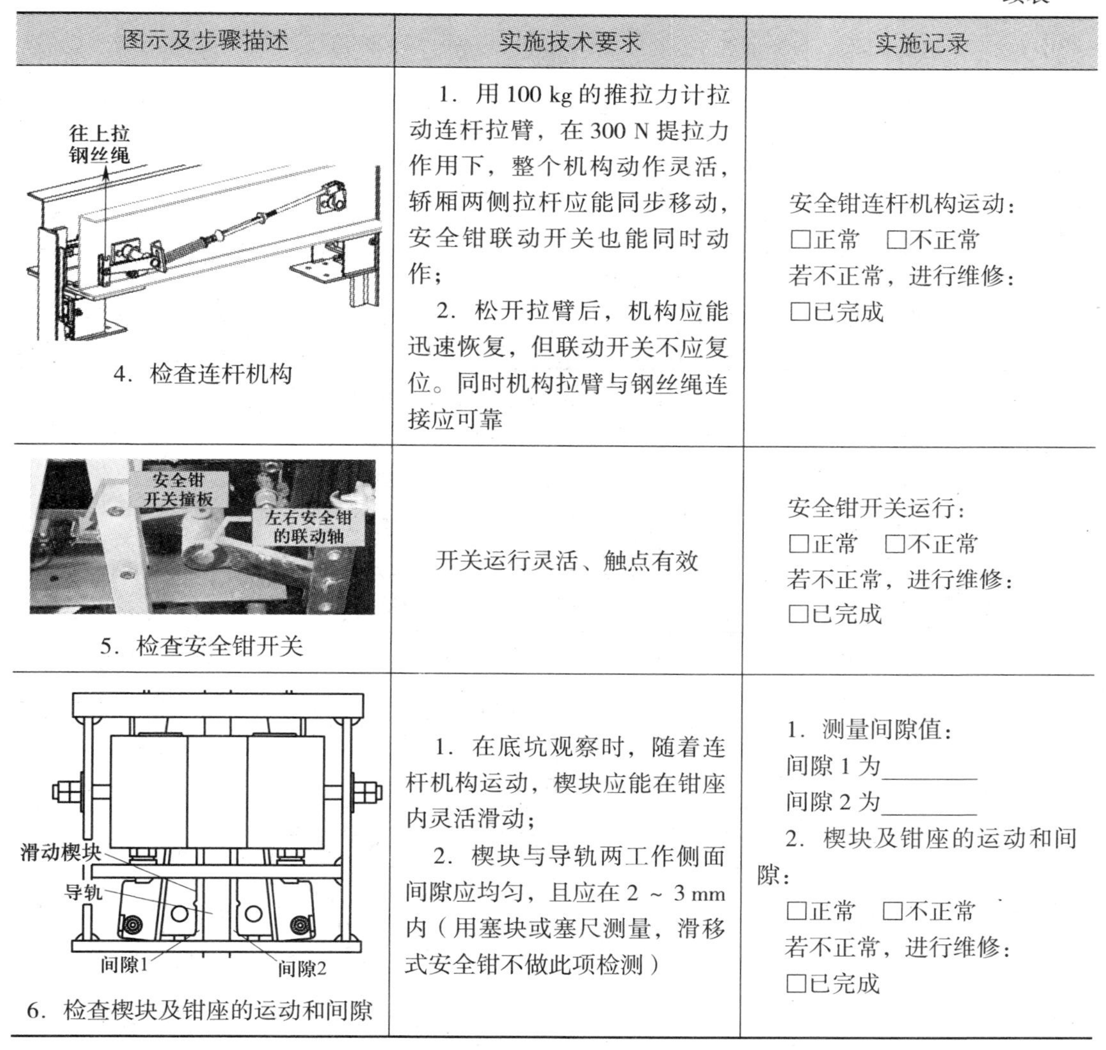

图示及步骤描述	实施技术要求	实施记录
往上拉 钢丝绳 4．检查连杆机构	1．用 100 kg 的推拉力计拉动连杆拉臂，在 300 N 提拉力作用下，整个机构动作灵活，轿厢两侧拉杆应能同步移动，安全钳联动开关也能同时动作； 2．松开拉臂后，机构应能迅速恢复，但联动开关不应复位。同时机构拉臂与钢丝绳连接应可靠	安全钳连杆机构运动： □正常　□不正常 若不正常，进行维修： □已完成
安全钳 开关撞板 左右安全钳 的联动轴 5．检查安全钳开关	开关运行灵活、触点有效	安全钳开关运行： □正常　□不正常 若不正常，进行维修： □已完成
滑动楔块 导轨 间隙1 间隙2 6．检查楔块及钳座的运动和间隙	1．在底坑观察时，随着连杆机构运动，楔块应能在钳座内灵活滑动； 2．楔块与导轨两工作侧面间隙应均匀，且应在 2 ~ 3 mm 内（用塞块或塞尺测量，滑移式安全钳不做此项检测）	1．测量间隙值： 间隙 1 为________ 间隙 2 为________ 2．楔块及钳座的运动和间隙： □正常　□不正常 若不正常，进行维修： □已完成

八、实施电梯复位

1．复位电梯

依据企业工作流程，按照电梯井道保养工作的要求，保养实施结束后，进行电梯试运行 6 次，确认电梯是否正常，试运行正常后，清理现场。

2．填写电梯井道保养单

复位电梯后，通过总结，填写电梯井道保养单（表 2–3–113），工作人员对保养质量进行检查并签字确认，将电梯保养单提交物业管理人员，管理人员进一步对电梯井道保养进行评价、审核，并签字确认，离开工作现场，归还工具、材料、仪器，确认电梯能正常工作和物料归位。

表 2-3-113　　电梯井道保养单

用户	建设花园	地址	地址	×× 市 ×× 区人民路 10 号	
联系人	王东	电话	1352355××××	电梯型号	TKJ 1000/1.75-JXW
梯号	KT2	保养日期		保养单号	BE2017-JS-KT1-0501
保养人		层站数	15		

电梯维保项目及其记录

序号	维保项目（内容）	要求	记录	备注
1	轿顶	清洁，防护栏安全、可靠		
2	轿顶检修开关、急停开关	工作正常		
3	导靴上油杯	吸油毛毡齐全，油量适宜，油杯无泄漏		
4	对重块及其压板	对重块无松动，压板紧固		
5	井道照明	齐全、正常		
6	底坑环境	清洁，无渗水、积水，照明正常		
7	底坑急停开关	工作正常		
8	靴衬、滚轮	清洁，磨损量不超过制造单位要求		
9	耗能缓冲器	电气安全装置功能有效，油量适宜，柱塞无锈蚀		
审核意见	□好　□较好　□一般　□差			

保养人签字： 年　月　日	用户签字： 年　月　日

学习活动 4　工作总结与评价

学习目标

1. 能按分组情况，派代表展示工作成果，说明本次任务的完成情况，并做分析总结。

2. 能结合任务完成情况，正确规范地撰写工作总结。

3. 能就本次任务中出现的问题提出改进措施。

4. 能对学习与工作进行反思总结，并能与他人开展良好合作，进行有效沟通。

建议学时　6 学时

学习过程

一、个人、小组评价

以小组为单位，选择演示文稿、展板、海报、视频等形式中的一种或几种，向全班展示、汇报工作成果。在展示的过程中，以小组为单位进行评价；评价完成后，根据其他小组成员对本组展示成果的评价意见进行归纳总结。

汇报设计思路：

其他小组成员的评价意见：

二、教师评价

认真听取教师对本小组展示成果优缺点以及在完成任务过程中出现的亮点和不足的评价意见，并做好记录。

1．教师对本小组展示成果优点的点评。

2．教师对本小组展示成果缺点及改进方法的点评。

3．教师对本小组在整个任务完成过程中出现的亮点和不足的点评。

三、工作过程回顾及总结

1．在团队学习过程中，项目负责人给你分配了哪些工作任务？你是如何完成的？还有哪些需要改进的地方？

2．总结完成任务过程中遇到的问题和困难，列举 2 ～ 3 点你认为比较值得和其他同学分享的工作经验。

3．回顾本学习任务的工作过程，对新学专业知识和技能进行归纳和整理，撰写工作总结。

评价与分析

按照客观、公正和公平原则，在教师的指导下按自我评价、小组评价和教师评价三种方式对自己或他人在本学习任务中的表现进行综合评价。综合等级按：A（90 ~ 100）、B（75 ~ 89）、C（60 ~ 74）、D（0 ~ 59）四个级别进行填写。

学习任务综合评价表

考核项目	评价内容	配分（分）	评价分数		
			自我评价	小组评价	教师评价
职业素养	劳动保护用品穿戴完备，仪容仪表符合工作要求	5			
	安全意识、责任意识强	6			
	积极参加教学活动，按时完成各项学习任务	6			
	团队合作意识强，善于与人交流和沟通	6			
	自觉遵守劳动纪律，尊敬师长，团结同学	6			
	爱护公物，节约材料，管理现场符合 6 S 标准	6			
专业能力	专业知识扎实，有较强的自学能力	10			
	操作积极，训练刻苦，具有一定的动手能力	15			
	技能操作规范，工作效率高	10			
工作成果	任务完成规范，质量高	20			
	工作总结符合要求	10			
总分		100			
总评	自我评价 ×20%+ 小组评价 ×20%+ 教师评价 ×60%=	综合等级	教师（签字）：		

学习任务三　电梯轿厢、层站检查、清洁与润滑

学习目标

1. 能明确工作任务，准确填写电梯轿厢与层站保养相关表单、记录。

2. 能描述轿厢与层站各部件的种类、组成、结构和作用。

3. 能描述轿门和层门的工作原理。

4. 能计算轿厢承载乘客数量。

5. 能描述电梯轿厢与层站保养工具的功能，并能正确使用。

6. 熟悉电梯安全技术人员安全基本规程、电梯轿厢与层站作业安全规程和电梯安全标识，并能在工作中遵守执行。

7. 能根据任务要求设置轿厢与层站保养前的电梯，开展层门设备、轿厢与层站及相关设备的检查、清洁与润滑。

8. 能正确填写相关技术文件，完成电梯轿厢与层站检查、清洁与润滑的技术总结。

30 学时

工作情境描述

某小区设有一台 TKJ 1000/1.75–JXW 型 2：1 有机房乘客电梯，按照该小区物业与电梯维保公司合同要求，需要对该电梯轿厢与层站开展例行保养。维保组长向电梯保养工作人

员下发本月的电梯保养安排表，电梯保养工作人员需根据安排表确定本次电梯轿厢与层站例行保养任务，按照电梯保养合同、国家行业相关规定和企业相关标准，在4小时内完成该电梯轿厢与层站例行保养，并填写相关电梯保养单，完成后交付验收。

工作流程与活动

学习活动1　明确工作任务（2学时）

学习活动2　例行保养前的准备（2学时）

学习活动3　例行保养实施（20学时）

学习活动4　工作总结与评价（6学时）

学习活动1　明确工作任务

学习目标

1. 能明确工作地点、工作时间和工作内容等要求，并准确填写电梯轿厢与层站保养相关表单、记录。

2. 能描述电梯轿厢与层站的布置方式和特点。

3. 能描述电梯轿厢与层站的结构、组成和各部件的作用。

4. 能计算电梯轿厢承载乘客的数量。

建议学时　2学时

学习过程

一、明确工作任务

根据企业工作流程要求，查阅学习任务一中的电梯保养计划表（表1–1–1）和电梯保养单（表1–1–2），对电梯轿厢与层站保养信息进行归类、分析和整理，阅读并补全电梯轿厢与层站保养信息表（表3–1–1）。

表3–1–1　电梯轿厢与层站保养信息表

一、工作人员信息			
保养人		时间	20××年3月21日
二、电梯基本信息			
电梯代号	KT3	电梯型号	TKJ1000/1.75–JXW
用户单位	建设花园	用户地址	××市××区人民路10号
联系人	王东	联系电话	1352355××××

续表

三、工作内容

序号	保养项目	序号	保养项目
1	轿厢照明、风扇、应急照明	8	轿厢平层精度
2	轿厢检修开关、急停开关	9	层站召唤、层楼显示
3	轿内报警装置、对讲系统	10	验证轿门关闭的电气安全装置
4	轿内显示、指令按钮	11	层门、轿门系统中的传动钢丝绳、链条、胶带
5	轿门安全装置（安全触板和光幕、光电等）	12	消防开关
6	轿门门锁电气触点	13	层门、轿门门扇
7	轿门运行	14	

二、认识电梯轿厢与层站

1．电梯轿厢与层站的基本概念

写出以下名词的含义。

（1）轿厢（car）

（2）层站（landing）

（3）轿门（car door）

（4）层门（landing door）

2．电梯轿厢与层站的布置方式

电梯主要分为机房、井道、轿厢与层站，如图 3–1–1 所示，其中轿厢与层站的位置是________。

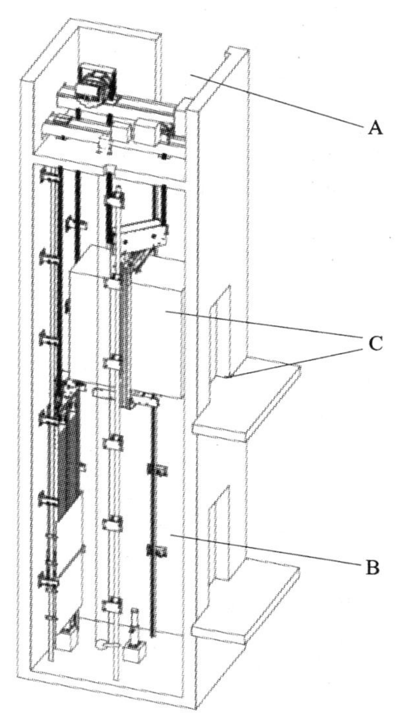

图 3–1–1　电梯立面图

电梯轿厢与层站布置方式有对重后置 + 层门前置、对重侧置 + 层门前置、对重侧置 + 层门前后设置等，观察表 3–1–2 中的图示，查阅相关资料，将正确的类别填写在空白中。

3．电梯轿厢与层站

电梯轿厢与层站由轿门门扇、轿厢护脚板、门机、门保护装置、层门门扇、层站召唤箱、门套、轿顶检修箱、层门护脚板等组成，如图 3–1–2 所示。将图中各个字母所指代的部件名称及作用填写在表 3–1–3 中。

表 3–1–2　电梯轿厢与层站布置方式

图示	类别
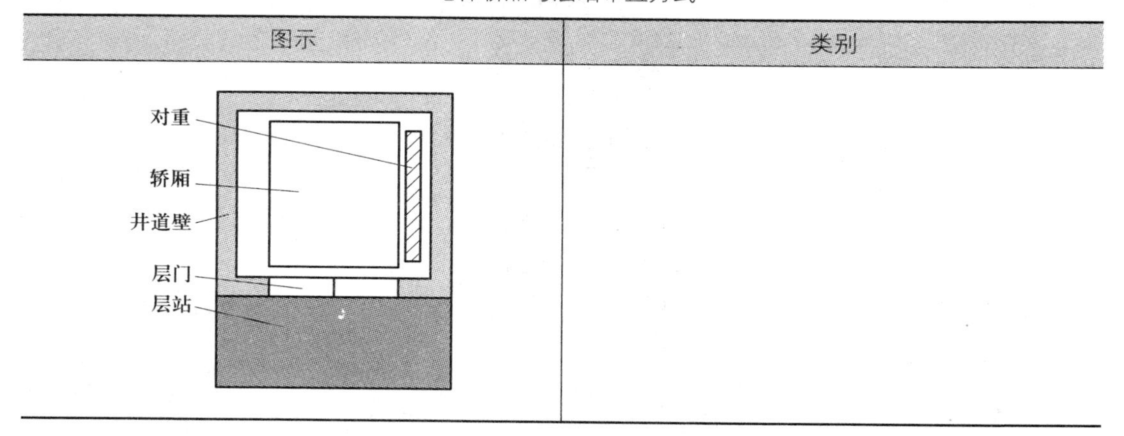	

续表

图示	类别
对重 轿厢 井道壁 层门 层站	
层站 层门 对重 轿厢 井道壁 层门 层站	

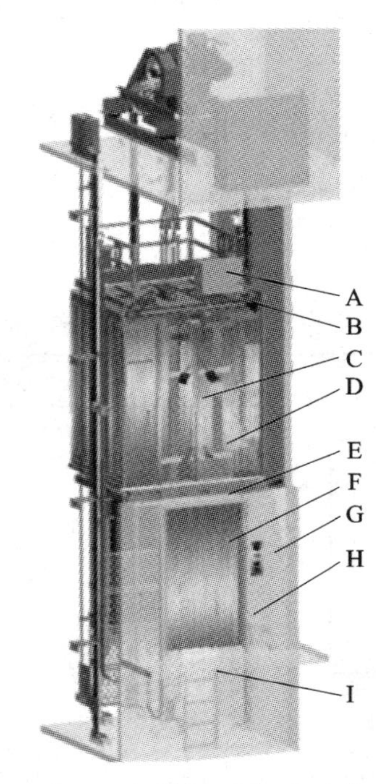

图 3–1–2　电梯轿厢与层站结构图

表 3-1-3　　电梯轿厢与层站的部件及其作用

位置	名称	作用
A		轿顶检修运行
B		开关门驱动
C	门保护装置	
D	轿门门扇	避免轿厢中乘客掉入井道
E	轿厢护脚板	
F	层门门扇	避免承载候梯乘客掉入井道
G		层站乘客候梯召唤电梯设备
H		保护电梯层站出入口
I	层门护脚板	避免不平层上下轿厢时乘客掉入井道

4．电梯轿厢承载乘客数量

根据《电梯制造与安装安全规范》(GB 7588—2003)的“8.2.3 乘客数量”可知，轿厢载客人数按每人 75 kg 计算，由此可知，电梯载客人数 $n=Q/75$，电梯载客人数 n 计算时向下取整，Q 为轿厢额定载荷，单位为 kg。

按此公式计算：

(1) 一乘客电梯的额定载荷为 800 kg，其载客人数是多少人?

(2) 一客货电梯的额定载荷为 2 000 kg，其载客人数是多少人?

学习活动 2　例行保养前的准备

学习目标

1. 能填写电梯轿厢与层站保养安排表。
2. 能制订电梯轿厢与层站保养沟通信息表。

建议学时　2 学时

学习过程

一、填写电梯轿厢与层站保养安排

根据电梯轿厢与层站保养任务要求，查阅电梯书籍、电梯保养资料、电梯维保手册、电梯保养单、相关国家或行业标准、相关规则，对上述资料进行分析、总结，整理电梯基本信息、保养内容和材料清单，填写电梯轿厢与层站保养安排表（表 3–2–1）。

表 3–2–1　　电梯轿厢与层站保养安排表

一、工作人员信息			
保养人		时间	
二、电梯基本信息			
电梯代号	KT3	电梯型号	TKJ1000/1.75–JXW
用户单位	建设花园	用户地址	×× 市 ×× 区人民路 10 号
联系人	王东	联系电话	1352355××××

三、工作内容及技术要求

序号	保养项目	技术要求
1	轿厢照明、风扇、应急照明	工作正常
2	轿厢检修开关、急停开关	工作正常

续表

序号	保养项目	技术要求
3	轿内报警装置、对讲系统	工作正常
4	轿内显示、指令按钮	齐全、有效
5	轿门安全装置（安全触板，光幕、光电等）	功能有效
6	轿门门锁电气触点	清洁，触点接触良好，接线可靠
7	轿门运行	开启和关闭工作正常
8	轿厢平层精度	符合标准
9	层站召唤、层楼显示	齐全、有效
10	层门地坎	清洁
11	层门自动关门装置	正常
12	层门门锁自动复位	用层门钥匙打开手动开锁装置释放后，层门门锁能自动复位
13	层门门锁电气触点	清洁，触点接触良好，接线可靠
14	层门锁紧元件啮合长度	不小于 7 mm
15	验证轿门关闭的电气安全装置	工作正常
16	层门、轿门系统中传动钢丝绳、链条、胶带	按照制造单位要求进行清洁、调整
17	层门门导靴（门滑块）	磨损量不超过制造单位要求
18	消防开关	工作正常，功能有效
19	轿门、层门门扇	门扇各相关间隙符合标准值

四、物料要求

序号	物料名称	数量	规格	备注
1	安全帽	1		
2	工作服	1		
3	安全鞋	1		
4	安全带	1		
5	护栏	1		
6	挂牌	1		
7	三角钥匙	1		
8	顶门器	1		
9	十字螺钉旋具	1		
10	一字螺钉旋具	1		
11	活动扳手	1		
12	塞尺	1		

续表

序号	物料名称	数量	规格	备注
13	线坠（线锤）	1		
14	卷尺	1		
15	直尺	1		
16	角尺	1		
17	万用表	1		
18	游标卡尺	1		
19	推拉力计	1		
20	黄油	1		
21	WD40 除锈剂	1		
22	声级计	1		
23	水平仪	1		
24	刷子	2		

五、人员实施进度安排

序号	任务	预计完成时间	参与人	负责人
1	认识电梯轿厢与层站		全体	
2	明确电梯轿厢与层站保养任务		全体	
3	填写电梯轿厢与层站保养安排		全体	
4	制订电梯轿厢与层站保养沟通信息表		全体	
5	准备电梯轿厢与层站保养		全体	
6	检查电梯轿厢与层站保养物料		全体	
7	准备电梯轿厢与层站保养实施		全体	
8	实施轿厢与层站设备检查		全体	
9	实施层门设备保养		全体	
10	实施电梯复位		全体	
11	总结反馈电梯轿厢与层站例行保养		全体	
12	验收评价		全体	

二、制订电梯轿厢与层站保养沟通信息表

根据企业工作流程要求，查询电梯轿厢与层站保养的要求，对相关信息进行分析、整理，就保养电梯名称、工作时间、保养内容、实施人员和需要物业配合的内容等制订沟通事项，制订电梯轿厢与层站保养沟通信息表（表 3-2-2），并向物业管理人员告知电梯轿厢与层站保养任务，保障电梯轿厢与层站保养工作顺利开展。

表 3-2-2　电梯轿厢与层站保养沟通信息表

一、基本信息			
用户单位	建设花园	用户地址	×× 市 ×× 区人民路 10 号
联系人	王东	联系电话	1352355××××
沟通形式	□电话　□面谈　□电子邮件　□传真		
二、沟通内容			
电梯型号	TKJ1000/1.75-JXW	工作时间	
工作内容	1. 轿厢与层站设备保养； 2. 层门设备例行保养		
配合内容			

学习活动3　例行保养实施

学习目标

1. 能描述电梯轿厢与层站保养的安全注意事项。

2. 能描述电梯轿厢与层站设备的组成和作用。

3. 能根据工作任务中的清单准备工具及材料，了解轿厢与层站保养工具的功能并正确操作。

4. 能完成轿厢与层站保养前的设置。

5. 能完成轿厢与层站设备、层门设备的检查、清洁与润滑。

6. 能按要求规范填写轿厢与层站保养单。

建议学时　20学时

学习过程

一、填写电梯轿厢与层站保养物料单

根据保养工作流程要求，查看电梯轿厢与层站保养安排表的内容，查看、核对物料的项目、数量和型号，填写电梯轿厢与层站保养物料单（表3–3–1），为物料领取提供凭证。

表3–3–1　　电梯轿厢与层站保养物料单

保养人				时间		
用户单位		建设花园		用户地址	××市××区人民路10号	
序号	物料名称	数量	规格	领取	归还	归还检查
1	安全帽	1				□完好　□损坏
2	工作服	1				□完好　□损坏
3	安全鞋	1				□完好　□损坏

续表

序号	物料名称	数量	规格	领取	归还	归还检查
4	安全带	1				□完好　□损坏
5	护栏	2				□完好　□损坏
6	挂牌	2				□完好　□损坏
7	三角钥匙	1				□完好　□损坏
8	顶门器	1				□完好　□损坏
9	十字螺钉旋具	1				□完好　□损坏
10	一字螺钉旋具	1				□完好　□损坏
11	活动扳手	1				□完好　□损坏
12	塞尺	1	13 片			□完好　□损坏
13	线坠（线锤）	1	6 m			□完好　□损坏
14	卷尺	1	5 m			□完好　□损坏
15	直尺	1	300 mm			□完好　□损坏
16	角尺	1	200 mm			□完好　□损坏
17	万用表	1	数字万用表			□完好　□损坏
18	游标卡尺	1	150 mm			□完好　□损坏
19	推拉力计	1				□完好　□损坏
20	黄油	1				□完好　□损坏
21	WD40 除锈剂	1				□完好　□损坏
22	声级计	1				□完好　□损坏
23	水平仪	1				□完好　□损坏
24	刷子	1				□完好　□损坏
保养人员发放签字： 年　月　日				发放人员归还签字： 年　月　日		

二、检查电梯轿厢与层站保养物料

根据保养工作流程要求，查看电梯轿厢与层站保养物料单的内容，与电梯保养物料备货处工作人员进行沟通，从电梯保养物料备货处领取相关物料（工具、材料和仪器），在教师指导下，了解相关工具和仪器的使用方法，检查工具（声级计、水平仪）、仪器是否能正常使用，选择合适的材料，填写电梯轿厢与层站保养物料检查记录。

1．认识轿厢与层站保养物料

（1）水平仪（spirit level）

1）水平仪的种类

常见的水平仪有尺式水平仪和框式水平仪，写出图 3–3–1 所示两种水平仪的类型。

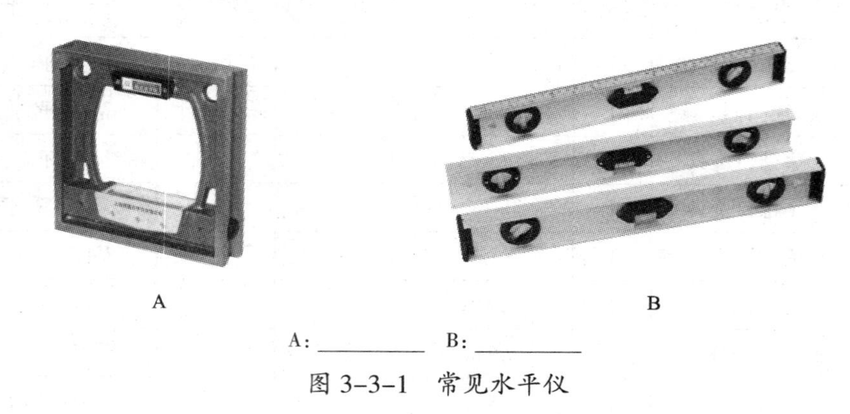

A：＿＿＿＿＿　B：＿＿＿＿＿

图 3–3–1　常见水平仪

2）水平仪的组成

水平仪用于测量物体表面的水平状态，尺式水平仪（水平尺）如图 3–3–2 所示，主要由尺身、垂直水准泡和水平水准泡组成，写出图中各个字母所指代的组成部分的名称。

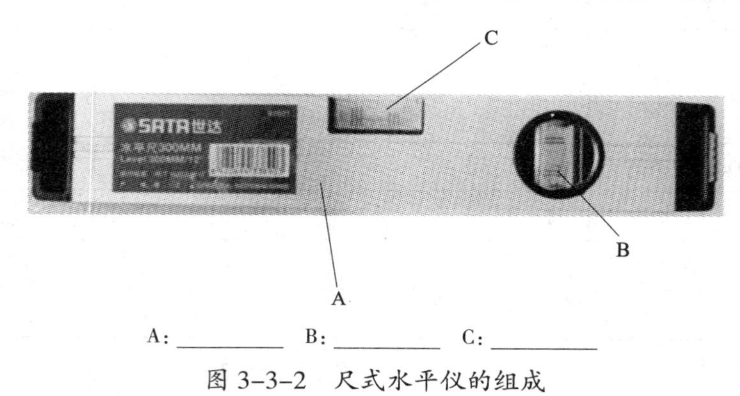

A：＿＿＿＿＿　B：＿＿＿＿＿　C：＿＿＿＿＿

图 3–3–2　尺式水平仪的组成

3）水平仪的工作原理

如图 3–3–3 所示，水准器是水平仪的主要工作元件，主要由液体、玻璃管和水准气泡组成，它是一个封闭的弧形玻璃管，管内装有流动性好的液体，如乙醚、乙醇或两者的混合液，并留有一定的空气，形成气泡，通常称为水准气泡，也称为水准泡。写出图中各个字母所指代的组成部分的名称。

当水平仪的工作面处于水平位置时，气泡位于水准器中央；当水平仪工作面倾斜时，气泡就偏向高的一端，从而实现水平的测量。

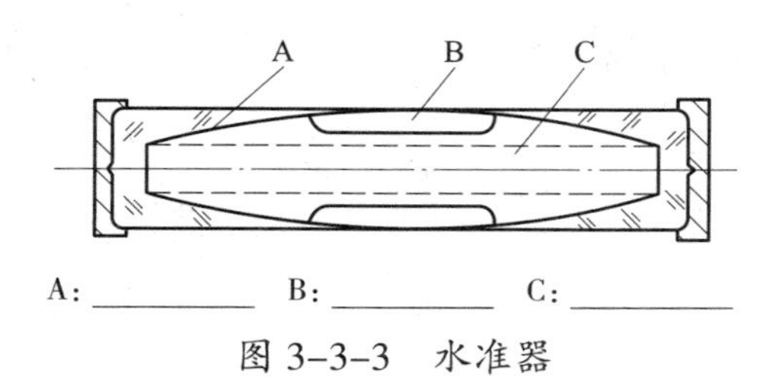

图 3–3–3　水准器

常见水准器有两种，一种用于测量一个方向的水平，另一种用于同时测量两个方向的水平，如图 3–3–4 所示，分别写出两种水准器的名称。

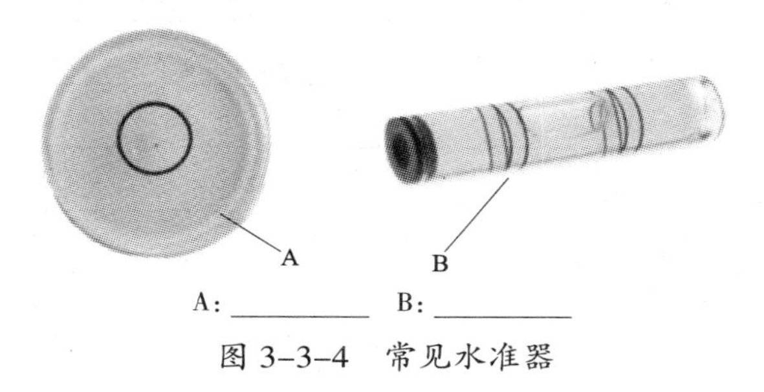

图 3–3–4　常见水准器

4）水平仪的使用

①校准水平仪

校准水平仪的顺序如下：

a．将水平仪测量表面放到原画好的线上，与线对齐；

b．把水平仪左右两头互换；

c．把水平仪靠在墙上，让水平仪的液面保持水平，在墙上画根线（假设是水平线）；

d．观察水准器的水准气泡位置；

e．若水准器的水准气泡位置在中部，则该水平仪就是准确的；若水准气泡不在中部，则需要调整水准管的螺钉进行校正。

写出正确的校准顺序：

②测量方法

测量时，将水平仪的测量面放在被测物体上，观察水准器里水准泡的偏向，水准泡偏向哪边，则表示那边偏________（填“高”或“低”），即需要________（填“升高”或“降低”）该侧的高度，或调________（填“升高”或“降低”）相反侧的高度。将水准泡调整至中心，就表示被测物体在该方向是水平的了。

（2）声级计（sound level meters）

1）声级的相关知识

为了便于定量描述声音的大小，人们根据人耳对声音强弱变化响应的特性，引入了声压级这一概念表示声音的大小，声压级以 dB（分贝）为单位。表 3–3–2 中所列是一些典型场景下的声压级数值。

表 3–3–2　典型场景下的声压级数值

声源名称	声压级 /dB
正常人耳能听到的最弱声音	0
郊区静夜	20
耳语	40
相隔 1 m 处讲话	60
高声讲话	80
织布车间	100
柴油机	120
喷气机起飞	140
导弹发射	160
核爆炸	180

人耳对不同频率的声波反应的敏感程度是不一样的，声压级相同的声音会因为频率的不同而产生不一样的主观感觉，为了使声音的客观量度和人耳听觉的主观感觉近似一致，在噪声测量中需要将噪声的各频率成分按一定标准进行修正，得到的数值称为计权声级，简称声级。常用的有 A、B、C 三种计权声级。A 计权声级是模拟 55 dB 以下低强度噪声的频率特性；B 计权声级是模拟 55 dB 到 85 dB 的中等强度噪声的频率特性；C 计权声级是模拟高强度噪声的频率特性。为了便于区分，表示时需要在 dB 后加注字母进行标记，如声级 80 dB（A）即表示用 A 计权网络测得声级为 80 dB。

查阅相关资料，进一步了解声级及相关的知识，通过小组讨论，简要说明为什么在电梯例行保养中需要测量声级。

2）声级计的组成

声级计主要由传声器（海绵球）、电源盒挡位范围开关、功能开关、反应速度和最大锁定值开关、校正开关、复位键、显示器等组成。如图 3–3–5 所示为典型的声级计，写出各个字母所指代的组成部分的名称。

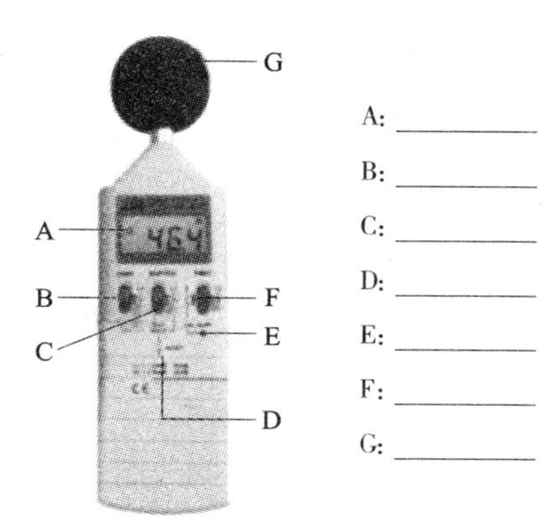

图 3–3–5　声级计

3）声级计的功能选项

声级计的功能选项如图 3–3–6 所示，包括测量范围（RANGE）、响应范围（RESPONSE）、测量功能（FUNCT）三项。查阅相关资料，将下面的空白补充完整。

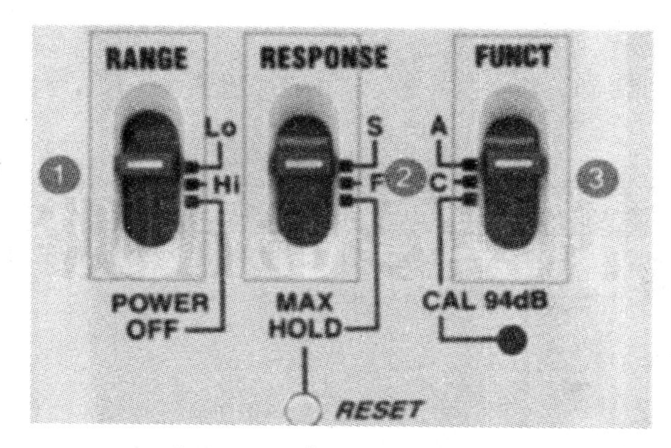

图 3–3–6　声级计的功能选项

①测量范围（RANGE）（见表 3–3–3）

表 3–3–3　声级计测量范围

计权方式	挡位	最小值（dB）	最大值（dB）
A	Lo	35	100
A	Hi	65	130
C	Lo	35	100
C	Hi	65	130

②响应范围（RESPONSE）

常见声级计包括 F、S 和 MAX HOLD 三个响应范围，用于平均值、最大值和瞬时值的测量，具体如下：

F（FASF，快速）：________________________；

S（SLOW，慢速）：________________________；

MAX HOLD：________________________。

③测量功能（FUNCT）

常见声级计的测量包括A加权、C加权和标定（CAL94 dB测量），用于测量自我校正、机器所发出或以人为感受的噪声量，具体如下：

A（A加权）：测量________________________的噪声量；

C（C加权）：测量________________________的噪声量；

CAL94dB（标定）：测量________________________的噪声量。

4）声级计的使用

现需测量电梯开关门噪声的声级，通过初步估算，预计声级在60~80 dB左右，参照表3-3-4熟悉声级计的使用，将空白补充完整，完成测量。

表3-3-4　　声级计的使用

步骤	图示	说明
A	RESPONSE S F MAX HOLD RESET	由于所测量声级是最大值，因此测量选择“RESPONSE”的挡位是： □ S □ F □ MAX HOLD 测量之前是否需要复位： □需要 □不需要
B	RESPONSE S F MAX HOLD RESET	要读取瞬时的噪声量，应选择“RESPONSE”的挡位是： □ S □ F □ MAX HOLD
C	FUNCT A C CAL 94dB	选择“FUNCT”的________挡位进行校正 □ A □ C □ CAL 94 dB

续表

步骤	图示	说明
C	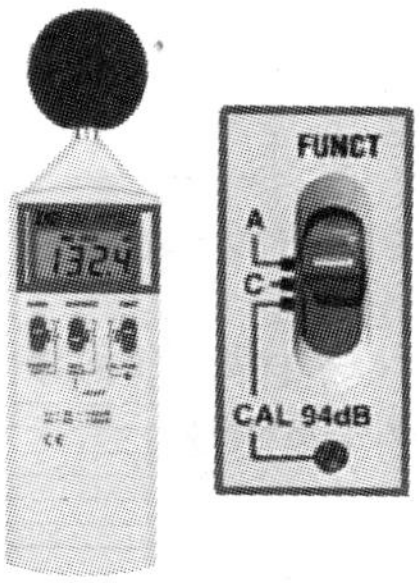	观察显示是否为________dB；若不为________dB，应当：
D	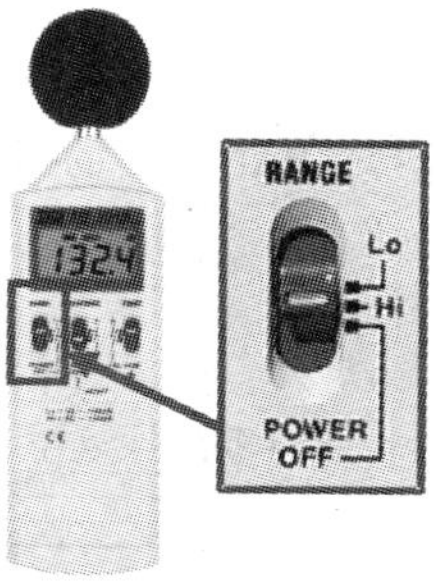	确定所要测量对象的值，如估计测量为 70 dB 左右，“RANGE”应选择________挡位： □ Lo □ Hi
E	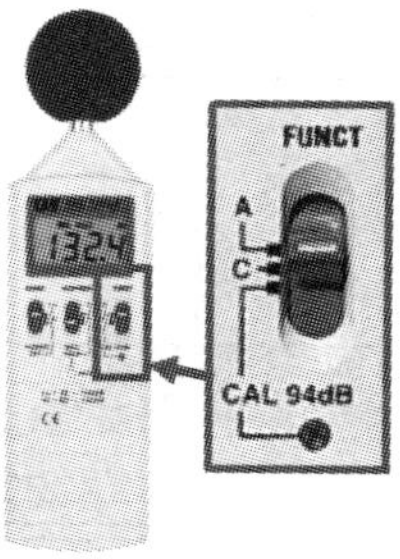	根据声级测量计权方式可知，若测量为人为感受，则应选用： □ A 加权 □ C 加权 选择“FUNCT”的________挡位进行测量 □ A □ C □ CAL 94 dB
F	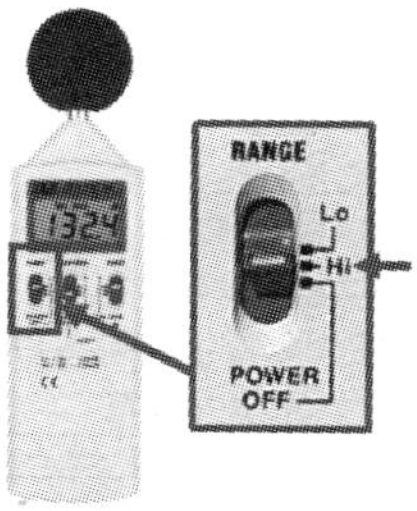	打开电源，“RANGE”选择的挡位是： □ Lo □ Hi
G		读取声级计的测量值，为：________

续表

步骤	图示	说明
H		测量时，需保证声级计________放置 □水平 □垂直 手持声级计或将声级计架在三脚架上以麦克风距离音源约 1 ~ 1.5 m 的距离测量
I		关闭声级计，选择“RANGE”的挡位是： □ Lo □ Hi □ POWER OFF 将电池取出，并将所有零部件复位

上述声级计使用的步骤正确的顺序是：________________________

2．检查物料（见表 3–3–5）

表 3–3–5　　检查物料评价表

序号	物料名称	检查标准	检查结果
1	安全帽	1．外观完整，无损坏	□完好　□损坏
		2．后箍完整，使用正常	□完好　□损坏
		3．下颏带完整，使用正常	□完好　□损坏
2	工作服	1．拉链完整，使用正常	□完好　□损坏
		2．扣子完整，使用正常	□完好　□损坏
3	安全鞋、安全带	外观完整，使用正常	□完好　□损坏
4	护栏、挂牌	外观完整，使用正常	□完好　□损坏
5	三角钥匙	外观完整，使用正常	□完好　□损坏
6	顶门器	外观完整，使用正常	□完好　□损坏
7	（一字、十字）螺钉旋具	1．外观完整，无损坏	□完好　□损坏
		2．刀头部分没有损坏，能正常拧螺栓	□完好　□损坏

续表

序号	物料名称	检查标准	检查结果
8	活动扳手	1. 固定扳口完整，无损坏	□完好　□损坏
		2. 调节蜗杆无锈斑，运动灵活	□完好　□损坏
		3. 活动扳扣外观完整，无损坏	□完好　□损坏
9	塞尺	1. 外观完整，无损坏	□完好　□损坏
		2. 塞尺片无锈斑、污渍	□完好　□损坏
		3. 塞尺刻度清晰	□完好　□损坏
		4. 塞尺片无折弯	□完好　□损坏
		5. 连接螺母运动灵活，未生锈	□完好　□损坏
10	线坠（线锤）	1. 坠头外观完整，无损坏	□完好　□损坏
		2. 线外观完整，无起丝，回收线功能正常	□完好　□损坏
		3. 固定钢针运行良好，弹簧活动自如	□完好　□损坏
		4. 挂钩取出正常，无折弯，无损坏	□完好　□损坏
		5. 线坠本外观正常，无损坏	□完好　□损坏
11	卷尺	1. 外观完好，无损坏	□完好　□损坏
		2. 刻度清晰，能正常进行读数	□完好　□损坏
		3. 无折弯，能正常使用	□完好　□损坏
		4. 量尺能够正常回收	□完好　□损坏
12	直尺	1. 外观完好，无损坏	□完好　□损坏
		2. 刻度清晰，能正常进行读数	□完好　□损坏
		3. 无折弯，能正常使用	□完好　□损坏
13	角尺	1. 外观完好，无损坏	□完好　□损坏
		2. 刻度清晰，能正常进行读数	□完好　□损坏
		3. 无折弯，能正常使用	□完好　□损坏
14	万用表	1. 外观完好，无损坏	□完好　□损坏
		2. 电阻挡正常	□完好　□损坏
		3. 直流电压挡正常	□完好　□损坏
		4. 交流电压挡正常	□完好　□损坏
		5. 零配件齐全	□完好　□损坏
		6. 电池电量充足	□完好　□损坏
15	游标卡尺	1. 外观完好，无损坏	□完好　□损坏
		2. 活动灵活	□完好　□损坏
		3. 刻度标识清晰	□完好　□损坏

续表

序号	物料名称	检查标准	检查结果
16	推拉力计	1．推拉力计类型	□指针　□数字
		2．推拉力计测量范围	____kg
			____N
		3．外观完好，无损坏	□完好　□损坏
		4．活动灵活	□完好　□损坏
		5．刻度标识清晰	□完好　□损坏
		6．标准砝码读数	□完好　□损坏
17	黄油	在有效期内，性状无异常，可正常使用	□完好　□损坏
18	WD40 除锈剂		□完好　□损坏
19	声级计	1．外观完好，无损坏	□完好　□损坏
		2．声级计的校正	□需要　□不需要
		3．各个部件正常	□完好　□损坏
20	水平仪	外观完好，无损坏，功能正常	□完好　□损坏
21	刷子	1．外观完好，无损坏	□完好　□损坏
		2．刷毛能使用	□完好　□损坏

三、准备电梯轿厢与层站保养实施

根据保养工作流程要求，查阅针对电梯轿厢与层站保养的安全操作规范，到达现场后，与物业管理人员进行接洽沟通，通过相互观察和监督，检查个人穿戴（工作服、安全鞋、安全帽）和个人精神状态，认识安全标识，对电梯轿厢与层站进行保养前的设置，保证保养工作顺利开展。

1．阅读以下轿厢与层站作业安全规程，回答后面的问题。

（1）进出轿厢、轿顶需集中精力，看清轿厢的具体位置，严禁电梯层门打开后立即进入，以防踏空下坠。在电梯未停稳之前，严禁从轿内或轿顶跳进、跳出。

（2）在施工中严禁站在电梯轿厢、层站的骑跨处（即轿门地坎与层门地坎之间、分隔井道用的槽钢与轿顶之间等）去触动按钮或手柄开关，以防轿厢移动发生意外。

（3）进入轿顶，需先断开轿顶急停开关或置轿顶为检修状态，离开轿厢后，必须关好轿、层门。

（4）在轿顶开车时，应密切注意周围环境，由专人下达正确的口令，开动前，轿顶人员要站在安全位置，不得将头和肢体伸出轿顶边缘，严禁倚靠、手扶轿顶轮等运动部件。

（5）严禁轿顶人员踩踏门机、接线盒等电气部件。

（6）电梯将到达最高、最低层时要注意观察，随时准备采取措施，避免开慢车冲顶、蹲底。

（7）维修对重架或轿厢时，如需吊起轿厢，须用钢丝绳绕挂在机房牢固处，然后再挂上手动葫芦，钢丝绳接头处不得将3根钢丝绳扎在一起，绳夹头至少要用3只以上U字头夹夹牢；手动葫芦起吊吨位需大于轿厢重量；截断曳引钢丝绳时，严禁1次完成，应分2次截断。

（8）在层站开展维保时，必须在层门和轿厢内放置护栏，避免无关人员进入工作现场发生事故。

（9）在层站和轿厢维保前，需仔细观察门区地面状态，避免在工作中摔倒。

（1）列举轿厢与层站作业安全规程的关键词（至少10个）。

（2）在轿厢与层站作业时，个人佩戴要注意什么？

（3）为什么不能短接门锁？

（4）为什么在轿门和层门之间作业时非常危险？要注意哪些内容？

2．设置轿厢与层站保养前电梯

参照学习任务一所学内容在轿厢与层站保养前对电梯进行设置。

四、实施轿厢与层站设备检查

1．认识轿厢与层站设备

依据企业工作流程，通过查阅相关参考书、技术手册、网络资源和观察轿厢内部设备、轿门、门机及层站设备等的外观，通过观察和整理，总结轿厢的结构、轿厢内部设备的组成、布局方式和作用，描述轿门的类型、结构和应用，门机的结构和工作原理，门保护装置的种类、结构、原理和应用，分析轿厢平层准确度和平层保持精度，分析电梯轿厢照明及通风回路的结构和控制原理。

（1）轿厢与层站设备

电梯轿厢与层站主要由层门、层门地坎、层门门套、轿厢、门保护装置、门机、召唤箱、轿门、轿门地坎等组成，如图3–3–7所示，查阅相关资料，将正确的名称填写到横线上。

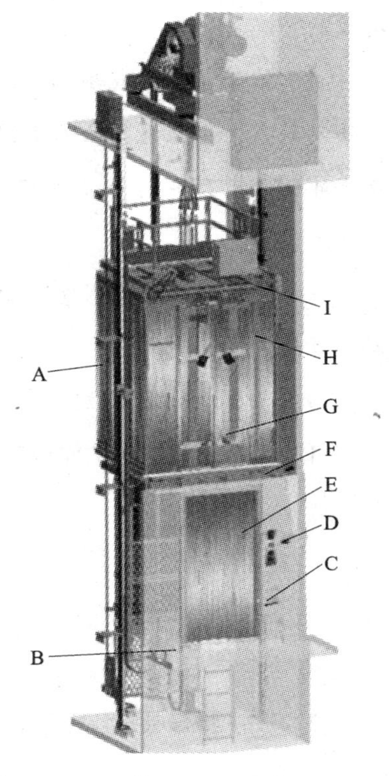

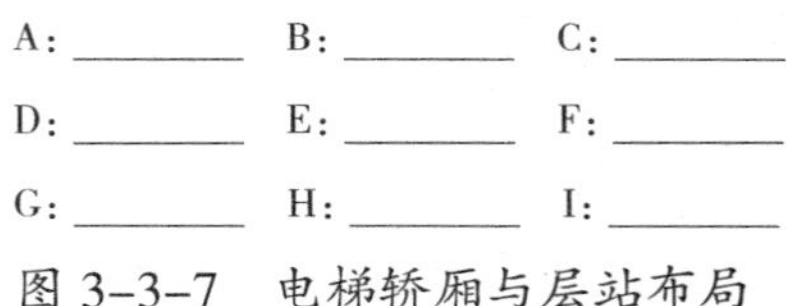

图3–3–7 电梯轿厢与层站布局

（2）轿厢内部设备

1）典型轿厢内部的组成

电梯典型轿厢内部包括吊顶、轿门、轿门地坎、操作箱、前壁、侧壁、后壁、扶手、轿厢地面，如图3–3–8所示，查阅相关资料，将正确的名称填写到横线上。

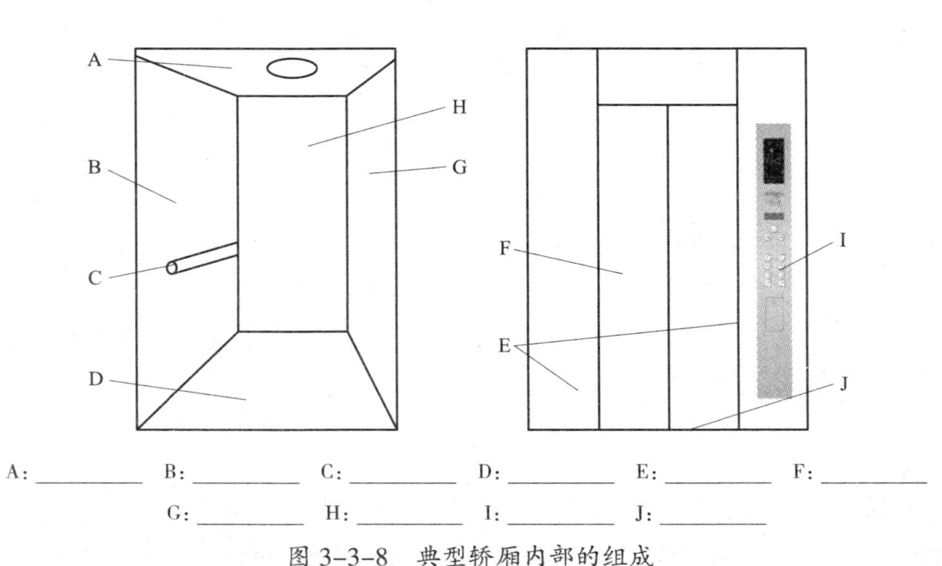

图3–3–8 典型轿厢内部的组成

2）轿厢内部设备的布局方式

轿厢内部设备的布局方式有前置、斜置、侧置，如图 3-3-9 所示，将正确的名称填写到下面横线上。

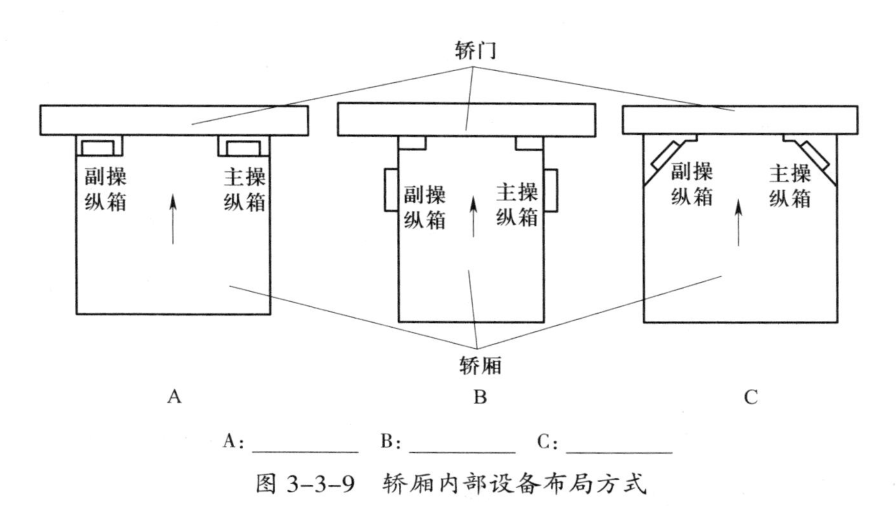

A：__________　B：__________　C：__________

图 3-3-9　轿厢内部设备布局方式

3）轿厢底的组成和作用

轿厢底（car platform），又称轿底，是在轿厢底部支撑载荷的组件，如图 3-3-10 所示，主要由轿门地坎、轿门护脚板、框架和轿厢地面等组成，将正确的名称填写到表 3-3-6 中。

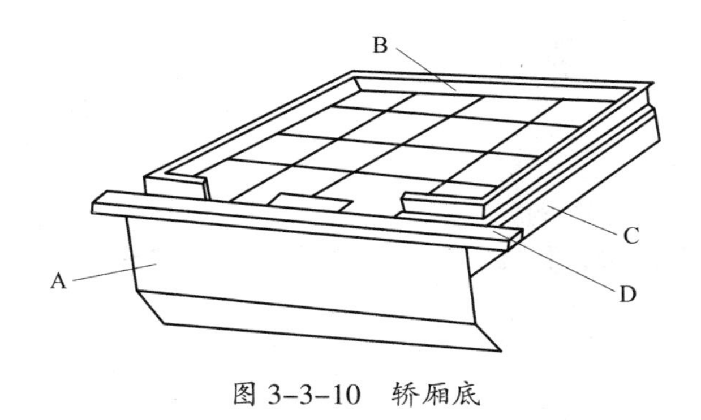

图 3-3-10　轿厢底

表 3-3-6　电梯轿厢与层站的部件及其作用

位置	名称	作用
A		避免不平层上下轿厢时乘客掉入井道
B		由 PVC 塑胶板、地毯、大理石、防滑橡胶及防滑不锈钢等组成，直接支撑轿厢乘客或货物

续表

位置	名称	作用
C		用槽钢或角钢按设计要求焊接而成，承载支撑作用
D		由铝合金挤压成型，是门的辅助导向件，与门导轨和门滑轮配合，使门的上下两端均受导向和限位

4）轿厢壁的组成和作用

轿厢壁（car walls）是与轿厢底、轿厢顶和轿厢门围成一个封闭空间的板形构件。如图 3-3-11 所示，轿厢壁采用金属板薄板冲压而成，在轿厢底、轿厢顶和轿厢门之间围成一个封闭空间。

5）轿厢顶的组成和作用

轿厢顶的结构与轿厢壁类似，轿厢顶装有照明灯、安全窗、通风装置，如图 3-3-12 所示，查阅相关资料，将正确的名称填写到横线上。

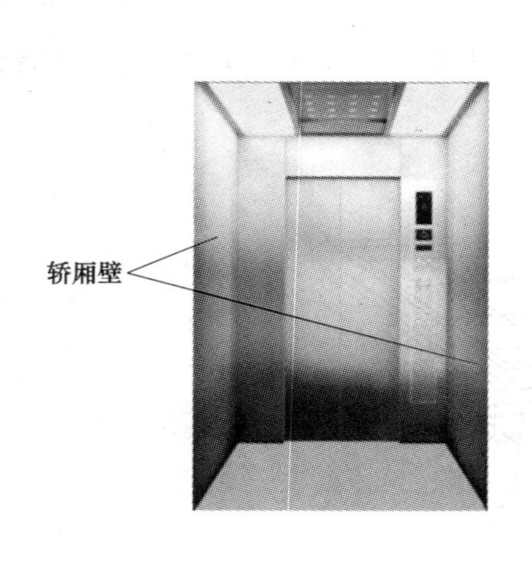

图 3-3-11 轿厢壁

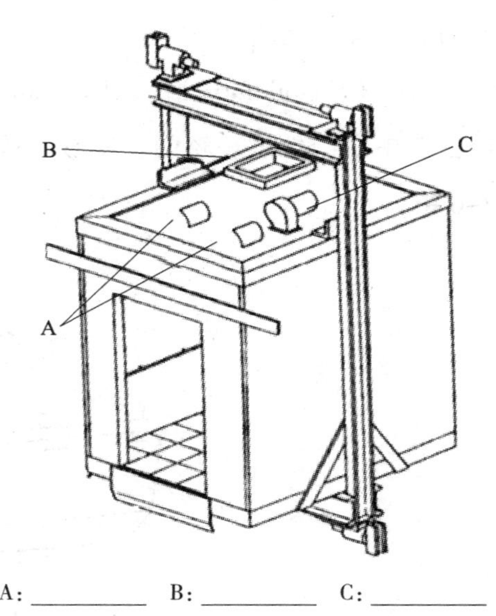

图 3-3-12 轿厢顶的组成

6）轿厢操作箱的组成和作用

操作箱（operation panel）如图 3-3-13 所示，主要由楼层按钮、对讲孔、警铃和对讲按钮、电梯铭牌、显示器、开关门按钮、检修面板等组成，将正确的名称填写到表 3-3-7 中。

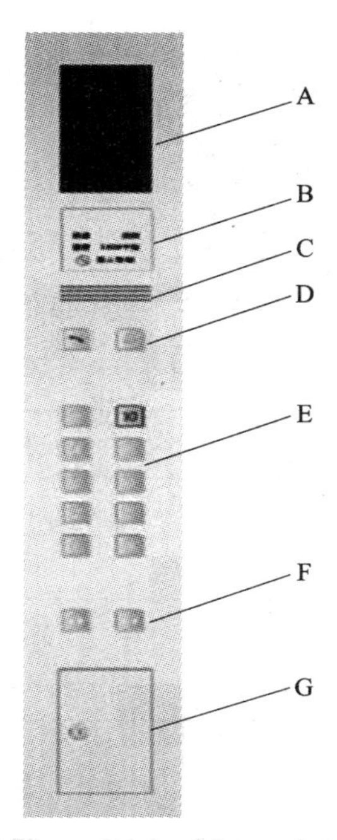

图 3–3–13　轿厢操作箱

表 3–3–7　电梯轿厢与层站的部件及其作用

位置	名称	作用
A		显示轿厢的运行方向及所在层站
B		设在轿厢操作箱上，并标有额定载重量、额定载人数、电梯品牌（制造厂家名称及相应标志）
C		当电梯出现故障，乘客被关入轿厢内时可按警铃按钮，并通过对讲孔与值班室取得联系
D		启动电梯报警铃和对讲
E		选择电梯楼层
F		启动电梯开关门
G		设在轿厢操作箱下部，供检修用，包括：检修上或下行、直驶、风扇电源开关、照明电源开关、司机 / 自动开关、检修 / 自动开关、停止开关、独立运行开关等供专业技术人员使用

（3）电梯铭牌

电梯铭牌一般安装在电梯轿厢内，包含电梯品牌、额定载重量、额定载人数等，如图 3–3–14 所示，从图中读取电梯基本信息，填写到表 3–3–8 中。

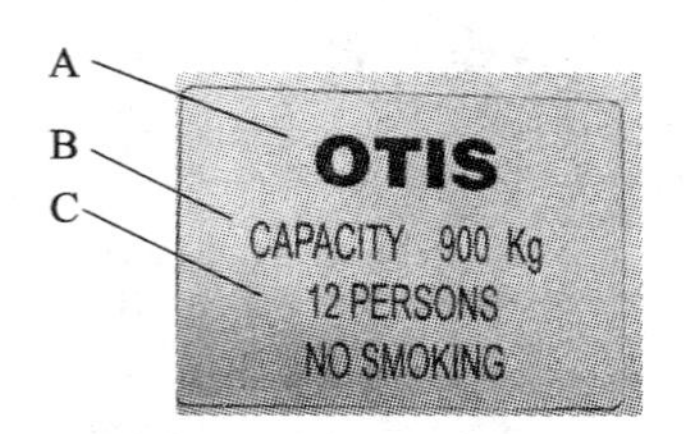

图 3-3-14 电梯铭牌

表 3-3-8 认识电梯铭牌

位置	名称	内容
A	电梯品牌	
B	额定载重量	
C	额定载人数	

（4）轿门

轿门（car door），也称轿厢门，安装在轿厢入口处，供司机、乘客和货物进出。

1）轿门的种类

电梯轿门主要有中分门、旁开门和直分式门三大类，具体包括两扇中分式门、四扇中分式门、两扇旁开式门、三扇旁开式门、交栅门、单扇闸门式门、双扇闸门式门等，如图 3-3-15 所示，查阅相关资料，将正确的名称填写到横线上。

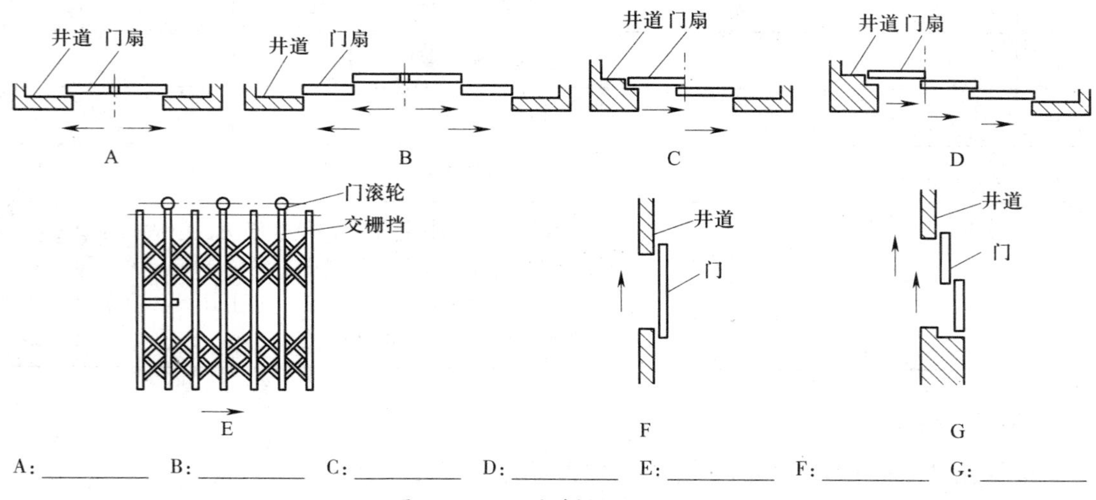

A：__________ B：__________ C：__________ D：__________ E：__________ F：__________ G：__________

图 3-3-15 电梯轿门的种类

2）轿门的组成

轿门主要由轿门护脚板、轿门地坎、门扇、门刀、门机、门保护装置等组成，如图 3-3-16 所示，查阅相关资料，将正确的名称填写到横线上。

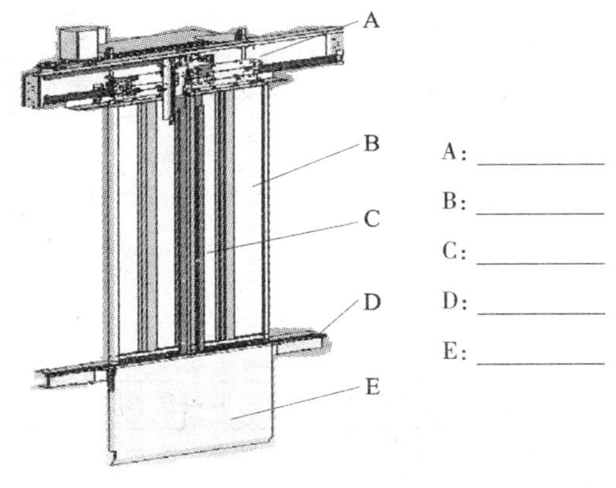

A: ________
B: ________
C: ________
D: ________
E: ________

图 3-3-16　轿门结构

3）门机

门机（door operator）是使轿门和（或）层门开启或关闭的动力装置，常见的门机包括直流门机（图 3-3-17）和交流门机（图 3-3-18）。

图 3-3-17　直流门机

图 3-3-18　交流门机

典型的交流门机主要由门电动机、同步带、钢丝绳、门刀、调节带、门挂板、轿门门锁及触点等组成，如图 3-3-19 所示，查阅相关资料，将正确的名称填写到横线上。

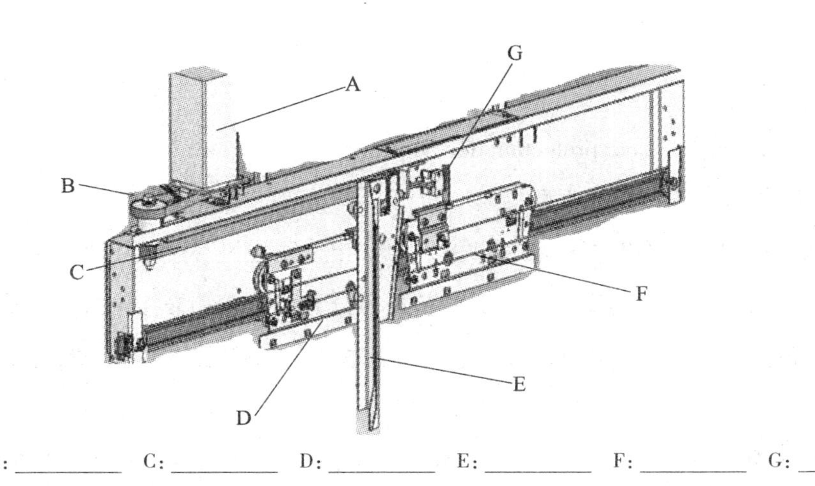

A: ________　B: ________　C: ________　D: ________　E: ________　F: ________　G: ________

图 3-3-19　典型交流门机结构

对照图 3–3–20 所示，查阅相关资料，从“门刀、门电动机、门锁及触点、同步带”中选择正确的词语填写到横线上，并简要写出门机的工作原理。

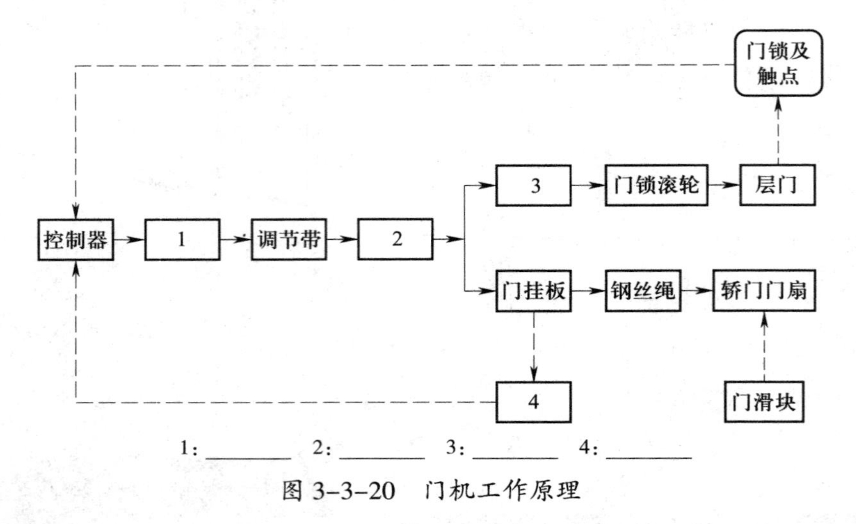

图 3–3–20 门机工作原理

门机的工作原理：

4）门保护装置（door protection device）

①门保护装置的作用和类型

门保护装置设置在客货电梯轿门的入口，用于防止关门过程中夹伤人，保证正在关闭的门扇受阻时，门能自动重开。门保护装置可分为接触式和非接触式两大类，非接触式保护装置又包括光电式保护装置、超声波监控装置、电磁感应式保护装置、光幕等。

②接触式保护装置

接触式保护装置又称安全触板，如图 3–3–21 所示，它由门触板、控制杆和微动开关组成。门在关闭过程中，如果有人或物尚未完全进入轿厢，其将触碰到凸出门扇的门触板，门触板被推入门扇，控制杆转动，控制杆凸轮压下微动开关触头，发出控制信号，使门电动机迅速反转，门重新打开。

③光电式保护装置

光电式保护装置是在轿门边上设两道水平光电装置，选用分立式红外光，对整个开门宽度进行检测，如图 3-3-22 所示。在轿门关闭的过程中，只要遮断任一道光路，门都会重新开启。

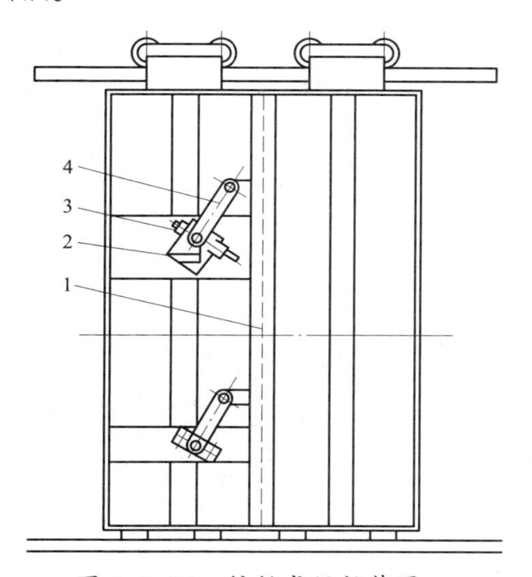

图 3-3-21　接触式保护装置

1—门触板；2—微动开关；3—限位螺钉；4—控制杆

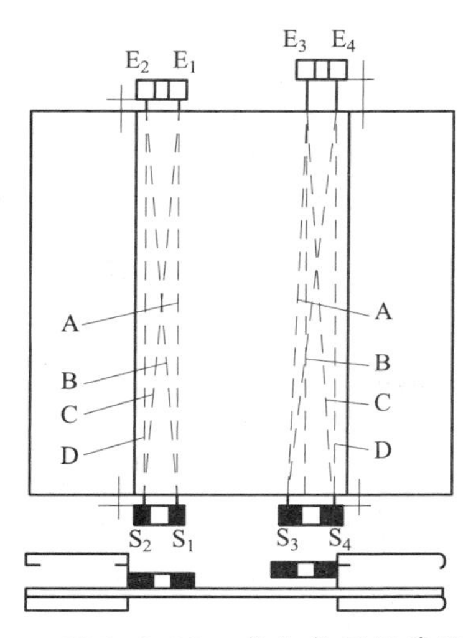

图 3-3-22　光电式保护装置

④超声波监控装置

如图 3-3-23 所示，超声波监控装置一般安装在门的上方，在关门的过程中，当其检测到门前有乘客欲进入轿厢时，门会重新打开，待乘客进入轿厢后再关闭。

⑤电磁感应式保护装置

电磁感应式保护装置（图 3-3-24）是利用电磁感应原理，在门区内组成三组电磁场，任一组电磁场的变化都会作为不平衡状态显示出来。如果三组电磁场是相同的，就表明门区内无障碍物，门将正常关闭。如果三组磁场不相同，则表明门区内有障碍物，这时，探测器就会断开关门电路。

⑥光幕

光幕是一种光线式电梯门安全保护装置，适用于客梯、货梯，用于保护乘客的安全。红外线光幕如图 3-3-25 所示，由安装在电梯轿门两侧的红外发射装置和接收装置、安装在轿顶的电源装置及电缆等组成。

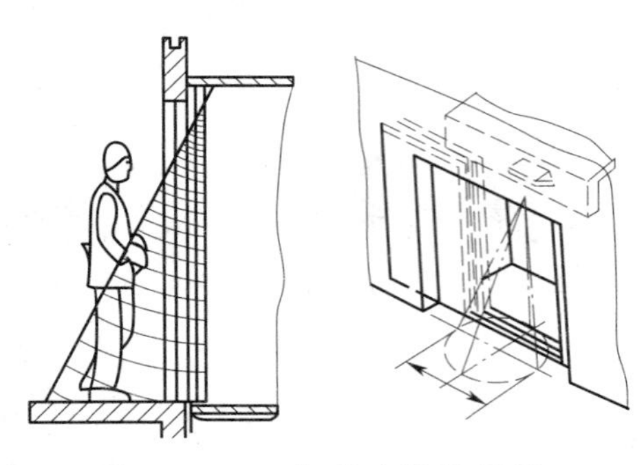

图 3-3-23 超声波监控装置

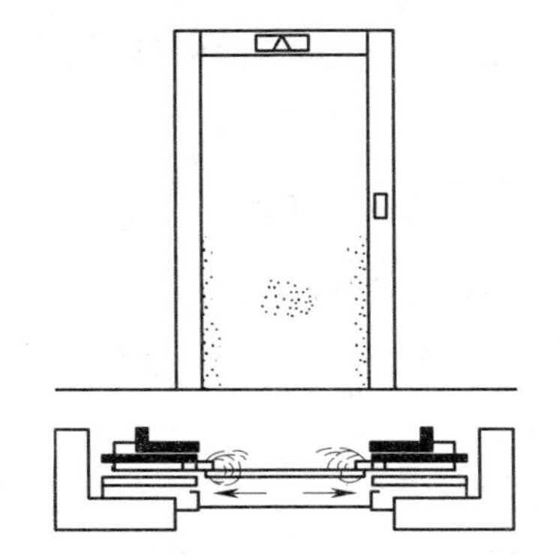

图 3-3-24 电磁感应式保护装置

其工作原理如下：

正常时，同一条直线上的红外发射装置、红外接收装置之间没有障碍物，红外发射装置发出的调制信号（光信号）能顺利到达红外接收装置。红外接收装置接收到调制信号后，相应的内部电路输出低电平。

当光幕检测物体（例如手）时，红外发射装置发出的调制信号（光信号）不能顺利到达红外接收装置，这时该红外接收装置接收不到调制信号，相应的内部电路输出为高电平，即输出控制信号到控制器，停止关门，启动开门，从而避免工作过程中发生夹人事故。

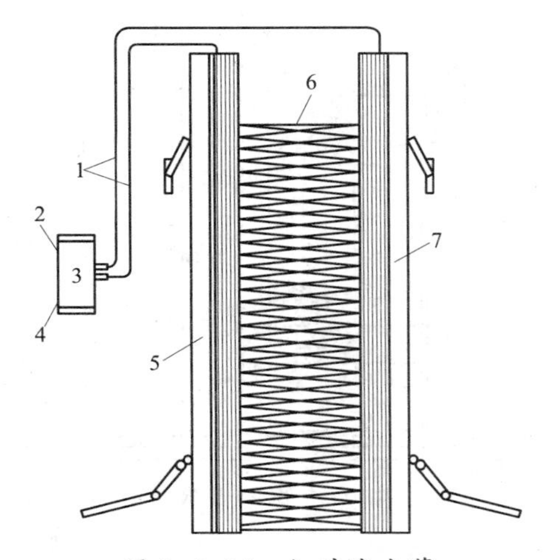

图 3-3-25 红外线光幕

1—电缆；2—接门控制器；3—电源装置；4—AC/DC 输入；5—红外接收装置；6—光束；7—红外发射装置

查阅相关资料，学习门保护装置的相关知识，对比上述门保护装置的优点和缺点。

（5）平层的相关概念

查阅相关资料，写出以下名词的含义。

1）平层（leveling）

2）平层区（leveling zone）

3）平层准确度（stopping accaracy）

4）平层保持精度（leveling accaracy）

（6）层站装置

层站（landing），是各楼层用于出入轿厢的地点，如图 3–3–26 所示，包括电梯层门、楼层显示、外召箱（召唤按钮、消防开关）、门套，查阅相关资料，将正确的名称填写到横线上。

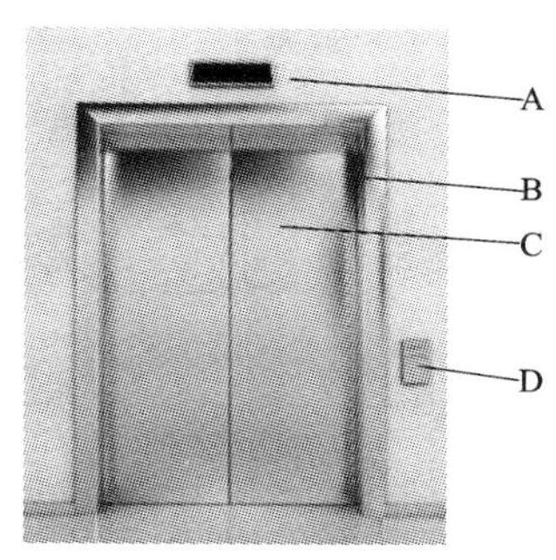

A：________　B：________

C：________　D：________

图 3–3–26　层站装置

2．实施轿厢与层站设备保养

依据电梯轿厢与层站保养工作的要求，按照相关国家标准和规则，遵循轿厢与层站设备保养流程，通过检查、清洁、润滑，实施轿厢与层站保养（包括轿厢内部设备、轿门和层站装置的保养），完成后进行自检，确保电梯能够正常运行，操作过程应符合安全操作规范和 6S 管理内容的要求，并做好记录。

查阅相关资料，了解轿厢与层站设备保养的步骤和要求，根据表 3–3–9~ 表 3–3–19 完成操作，并将其中的空白补充完整。

（1）保养轿厢内部设备

1）了解电梯基本信息（表 3–3–9）

表 3–3–9　了解电梯基本信息

图示	实施技术要求	实施记录
电梯使用标志 The Elevator and Escalator Identification 注册代码　登记机关 使用管理责任单位　使用单位设备编号 制造单位　维保单位 检验单位　下次检验日期　年　月 应急救援电话：	电梯的制造单位、维保单位、检验单位、下次年检的日期和应急救援电话外观清晰、内容符号要求	1．电梯制造单位：__________ 2．电梯维保单位：__________ 3．电梯检验单位：__________ 4．下次年检时间：__________ 5．应急救援电话：__________ 6．以上信息是否清晰、完整： □完整　□不完整

2）清洁轿厢内部设备（表 3-3-10）

表 3-3-10　　清洁轿厢内部设备

图示及步骤描述	实施技术要求	实施记录
1. 清洁轿厢内部设备	轿厢内部设备用抹布和吸尘器进行清洁	轿厢内部设备清洁： □完成　□未完成
2. 清洁轿门地坎	用刷子清洁轿门地坎，方向为向轿厢内	轿门地坎清洁： □完成　□未完成

3）检查轿厢内部设备（表 3-3-11）

表 3-3-11　　检查轿厢内部设备

图示	实施技术要求	实施记录
	确保各按钮工作正常	检查各按钮是否工作正常： □正常　□不正常 若不正常，进行维修： □已完成
	确保轿厢壁和扶手无松动	1. 检查轿厢壁是否松动： □正常　□松动 2. 检查扶手是否松动： □正常　□松动 若松动，进行锁紧： □已完成

4）检查轿厢照明（表 3–3–12）

表 3–3–12　检查轿厢照明

图示	实施技术要求	实施记录
	1．轿厢照明正常； 2．轿厢照明至少有 2 盏灯，连接方式为并联； 3．照度不低于 50 lx	检查轿厢照明： □正常　□不正常 若不正常，进行维修： □已完成

5）检查应急照明（表 3–3–13）

表 3–3–13　检查应急照明

图示及步骤描述	实施技术要求	实施记录
1．关闭轿厢照明	关闭照明开关	关闭轿厢照明： □已关闭　□异常，无法关闭 若不正常，进行维修： □已完成
2．观察应急照明	停电或关闭轿厢照明，应急照明功率 1 W，工作时间 1 h	检查轿厢应急照明： □正常　□不正常 若不正常，进行维修： □已完成

6）检查五方通话（表 3–3–14）

表 3–3–14　检查五方通话

图示	实施技术要求	实施记录
	轿厢五方通话功能正常	检查五方通话： □正常　□不正常 若不正常，进行维修： □已完成

7）检查报警警铃（表 3–3–15）

表 3–3–15 检查报警警铃

图示及步骤描述	实施技术要求	实施记录
1．检查报警警铃功能	报警警铃功能正常	检查报警警铃功能： □正常 □不正常 若不正常，进行维修： □已完成
2．报警音量的测量	测量位置在轿厢外面，距层门 1 m，距地面高 1.5 m，不低于 70 dB	1．测量警铃的声级为：________ 2．判断报警音量： □正常 □不正常 若不正常，进行维修： □已完成

8）检查轿厢内选功能（表 3–3–16）

表 3–3–16 检查轿厢内选功能

图示及步骤描述	实施技术要求	实施记录
1．检查楼层按钮	各楼层按钮功能正常	检查各楼层按钮功能： □正常 □不正常 若不正常，进行维修： □已完成
2．检查开关门按钮	开关门按钮功能正常	检查开关门按钮功能： □正常 □不正常 若不正常，进行维修： □已完成

续表

图示及步骤描述	实施技术要求	实施记录
3. 检查楼层显示	楼层及方向显示功能正常	检查楼层及方向显示功能： □正常　□不正常 若不正常，进行维修： □已完成

9）检查轿厢平层功能（表 3–3–17、表 3–3–18）

表 3–3–17　　检查平层准确度

图示及步骤描述	实施技术要求	实施记录
1. 设置相关载荷	根据测量要求，设置轻载或满载（额定载荷）	根据检查要求设置载荷： □已完成
2. 上下运行	上下运行到指定楼层	上下运行到指定楼层： □已完成
3. 测量、记录数据	1. 在开门宽度中部测量； 2. 按表 3–3–19 要求进行填写	填写记录表： □已完成
4. 判断平层准确度	电梯轿厢的平层准确度宜在 ±10 mm 范围内	检查各楼层平层准确度： □正常　□不正常 若不正常，进行维修： □已完成

表 3-3-18　　检查平层保持精度

图示及步骤描述	实施技术要求	实施记录
1. 将轿厢运行到底层端站	运行到底层端站	运行到底层端站： □已完成
2. 设置相关载荷	1. 根据测量要求，设置轻载或满载（额定载荷）； 2. 等待 10 min	根据检查要求设置载荷： □已完成
3. 测量、记录数据	1. 在开门宽度中部测量； 2. 按表 3-3-19 要求进行填写	填写记录表： □已完成
4. 判断电梯轿厢的平层保持精度	电梯轿厢的平层保持精度宜在 ±10 mm 范围内	检查电梯轿厢的平层保持精度： □正常　□不正常 若不正常，进行维护： □已完成

表 3-3-19　　平层准确度和平层保持精度记录

层站	方向	轻载	额载
	上行		
	下行		
	上行		
	下行		
	上行		
	下行		
底层端站平层保持精度			

（2）保养轿门

1）检查轿门运行（表 3-3-20）

表 3-3-20　检查轿门运行

图示及步骤描述	实施技术要求	实施记录
1. 检查轿门外观	1. 门扇无变形； 2. 门扇无锈蚀、划伤、掉漆	1. 门扇无变形 □是　□否 2. 门扇无锈蚀、划伤、掉漆 □是　□否 若不正常，进行维修： □已完成
2. 检查轿门导靴（门滑块）	1. 轿门导靴（门滑块）运行灵活； 2. 轿门导靴（门滑块）磨损符合要求	1. 轿门导靴（门滑块）运行： □灵活　□有噪声　□困难 2. 轿门导靴（门滑块）磨损： □小　□中　□更换 若不正常，进行维修： □已完成
门扇与门楣 门扇与门扇 门扇与门套 门扇与门套 门扇与地坎 3. 检查轿门门缝间隙	1. 门关闭后，门扇之间及门扇与门套、门楣和地坎之间的间隙，对于乘客电梯应不大于 6 mm，对于载货电梯应不大于 8 mm。由于磨损，间隙值允许达到 10 mm； 2. 门扇各间隙均匀； 3. 无 A 字门和 V 字门	1. 测量各门最大间隙： （1）门扇与门套为________ （2）门扇与门扇为________ （3）门扇与门楣为________ （4）门扇与地坎为________ 2. 无 A 字门： □是　□否 3. 无 V 字门： □是　□否
4. 检查轿门运行	运行灵活、无噪声	轿门运行： □灵活　□有噪声　□困难 若不正常，进行维修： □已完成

2）检查门保护装置

门保护装置的检查包括明确门保护装置类型（表 3-3-21）、检查安全触板（表 3-3-22）、检查光幕（表 3-3-23）。

表 3-3-21　　明确门保护装置类型

步骤描述	实施技术要求	实施记录
明确门保护装置类型	、检查门保护装置类型	电梯门保护装置类型是： □安全触板； □光幕； □其他________

表 3-3-22　　检查安全触板

图示及步骤描述	实施技术要求	实施记录
1. 检查安全触板的尺寸	1. 测量左右两个安全触板； 2. 测量的位置分为上、中、下三个位置	1. 左安全触板 （1）上：________ （2）中：________ （3）下：________ 2. 右安全触板 （1）上：________ （2）中：________ （3）下：________
2. 判断安全触板尺寸是否合格	轿门全开时，触板凸出轿门 10~15 mm	判断安全触板尺寸是否合格： □合格　□不合格 若不合格，进行维修： □已完成
3. 检查安全触板的功能	安全触板上、中、下三个位置的功能正常	1. 上： □正常　□不正常 2. 中： □正常　□不正常 3. 下： □正常　□不正常 若不正常，进行维修： □已完成

表 3-3-23　　检查光幕

图示及步骤描述	实施技术要求	实施记录
1. 清洁光幕	用抹布对光幕进行清洁	光幕清洁： □已完成

续表

图示及步骤描述	实施技术要求	实施记录
2. 检查安全触板的功能	光幕上、中、下三个位置的功能正常	1. 上： □正常　□不正常 2. 中： □正常　□不正常 3. 下： □正常　□不正常 若不正常，进行维修： □已完成

3）检查门机装置

门机装置的检查包括门机清洁、润滑和松动的检查（表 3–3–24），以及门机运行的检查（表 3–3–25）。

表 3–3–24　　检查门机清洁、润滑和松动

图示及步骤描述	实施技术要求	实施记录
1. 清洁门机	用抹布和刷子清洁门机的各个部件	门机清洁： □已完成
2. 润滑门机部件	对门机轴承和运动部件连接处进行润滑	门机润滑： □已完成
3. 松动检查	对门机各个螺栓进行检查，确保无松动	门机松动检查： □正常　□松动 若松动，进行锁紧： □已完成

表 3-3-25　　检查门机运行

图示及步骤描述	实施技术要求	实施记录
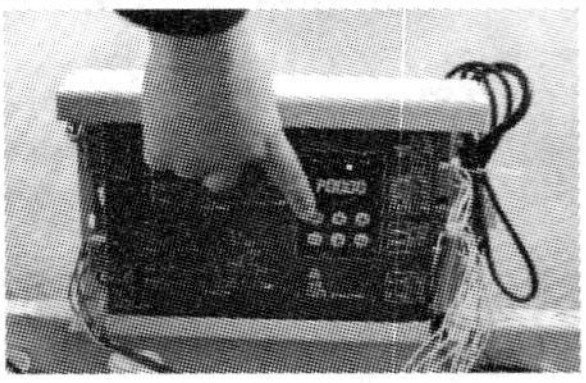 1. 门机运行检查	1. 手动调整门机，运行开门和关门； 2. 检查门机各个部件是否运行灵活	门机运行： □灵活　□不灵活 若不灵活，进行维修： □已完成
 2. 门锁检查	门锁的啮合深度≥7 mm	1. 门锁啮合深度：________； 2. 门锁： □合格　□不合格 若不合格，进行维修： □已完成
 3. 门锁触点检查	1. 触点的功能正常； 2. 触点有不少于3 mm 的压紧量； 3. 触点连接无松动	1. 门触点的功能： □正常　□不正常 2. 门触点的压紧量：________ 3. 判断触点连接是否合格： □合格□不合格 若不合格，进行维修： □已完成
 4. 同步带检查	同步带张紧正常	同步带张紧状态： □合格　□不合格 若不合格，进行维修： □已完成
 5. 门刀检查	1. 门刀运行灵活； 2. 门刀至层门地坎的距离为 5~8 mm	1. 门刀运行： □灵活　□不灵活 2. 门刀至地坎的距离为：________ 3. 判断门刀距离： □合格　□不合格 若不合格，进行维修： □已完成

（3）保养层站装置（表 3–3–26）

表 3–3–26　保养层站装置

图示及步骤描述	实施技术要求	实施记录
1. 检查层站外召按钮	各层站外召按钮功能正常	层站外召按钮功能： □正常　□不正常 若不正常，进行维修： □已完成
2. 检查层站显示	各层站显示功能正常	各个楼层显示功能： □正常　□不正常 若不正常，进行维修： □已完成
3. 检查底层端站消防开关	底层端站消防开关功能正常	底层消防开关功能： □正常　□不正常 若不正常，进行维修： □已完成
4. 检查底层端站五方通话	底层端站五方通话功能正常	五方通话功能： □正常　□不正常 若不正常，进行维修： □已完成

五、实施层门设备保养

1．认识层门设备

依据企业工作流程，通过查阅相关参考书、技术手册、网络资源和观察层门设备（门头、门挂轮、层门门锁装置、层门钢丝绳、层门自闭装置、门导靴、门扇、地坎）的外观，熟悉电梯层门的种类、结构和应用，分析层门的组成、作用和工作原理，总结层门自闭装置的类型和结构，电梯门锁的种类、结构和工作原理。

（1）层门的定义、种类和作用

查阅相关资料，了解层门设备的相关知识，回答后面的问题。

1）定义

层门（landing door）也称门层，设置在层站入口的门，一般位于电梯各层厅外，如图 3–3–27 所示，包括层门、召唤按钮、层站显示器和消防开关。

2）种类

按电梯开关门的方向，层门可分为中分式、折叠中分式、旁开式等。

3）作用

层门在电梯中起到的主要作用是什么?

（2）层门的组成

层门主要由门框、门扇、偏心轮、自闭钢丝绳、运动钢丝绳、门导轨、自闭装置（重锤）、三角钥匙开门机构、门地坎、门锁、门挂板、吊门轮等组成，如图 3–3–28 所示，查阅相关资料，将正确的组成部分名称填写到下面横线上。

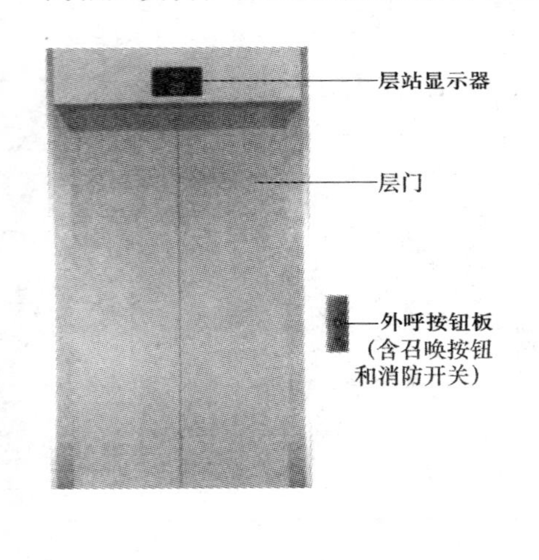

图 3–3–27 层门外观图

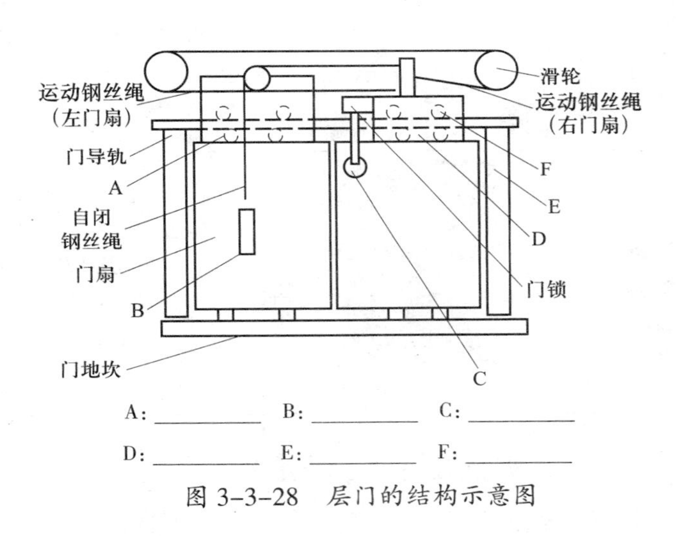

图 3–3–28 层门的结构示意图

门导轨架与门滑轮的结构如图 3–3–29 所示。

1）门框

门框是电梯的支撑部件，主要是起支撑门扇、门滑轮、门导轨架等的作用。

2）门扇

电梯的门扇均应是无孔的，只有在货梯或汽车梯采用向上开启的垂直滑动门时，轿门可以是网状或带孔板型的，但孔的尺寸在水平方向不得大于 10 mm、垂直方向不得大于 60 mm。

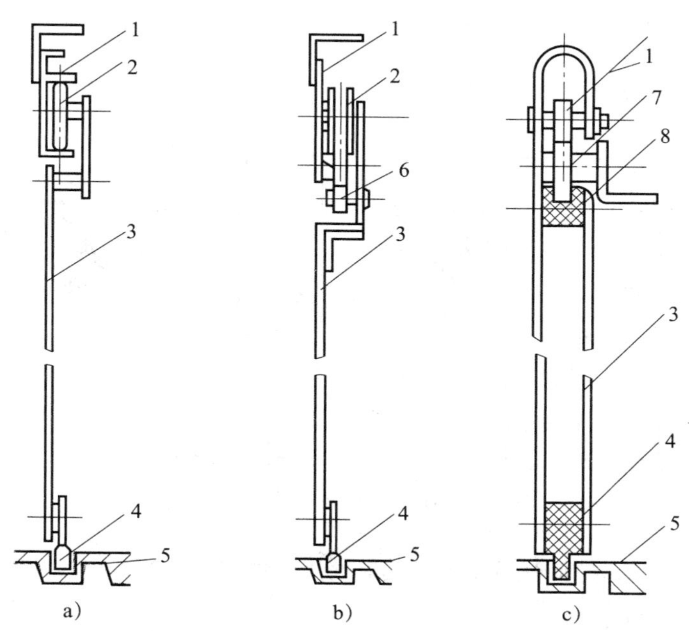

图 3-3-29　门导轨架与门滑轮的结构

1—门导轨；2—滑轮；3—门扇；4—门导靴（门滑块）

5—门地坎；6—门挡块；7—交栅门；8—自滑槽

门扇一般用 1.5 mm 厚的薄钢板折边而成，中部焊接或粘接加强筋。为加强隔音和减少振动可在背面涂敷或粘贴一层阻尼材料。

3）门导轨架和门滑轮

门导轨架俗称上坎，主要是承受门扇吊挂的力和起导向门扇的滑动，包括支架和门导轨。门滑轮将门挂板（含门扇）在门导轨上滑动，起支撑和导向作用。

4）门导靴

门导靴也称滑块，保证门扇在地坎中滑动，起导向和限位作用。

5）层门地坎

层门地坎，层门入口处的带槽踏板，门地坎是门的辅助导向件，与门导轨和门滑轮配合，使门的上 / 下两端均受导向和限位，一般常采用铝合金材质。

（3）层门自闭方式

查阅相关资料，了解层门的自闭方式有哪些，回答后面的问题。

1）弹簧式

弹簧式层门自闭装置分为压缩式和拉伸式两种。

如图 3-3-30 所示，压缩弹簧式自闭装置应用范围较小，主要应用在货梯和医梯开门宽度驱动较大的双折门、三折门和中分双折门上，它一般与层门联动装置装配为一体，通过驱动层门联动连杆来达到自闭层门的作用。

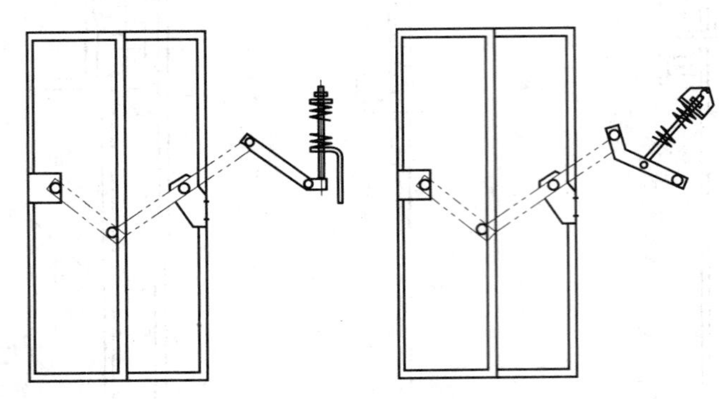

图 3-3-30 压缩弹簧式自闭装置

如图 3-3-31 所示，拉伸弹簧式自闭装置利用弹簧的伸缩产生拉力，拉动钢丝绳、门挂板、连杆等，实现自闭。

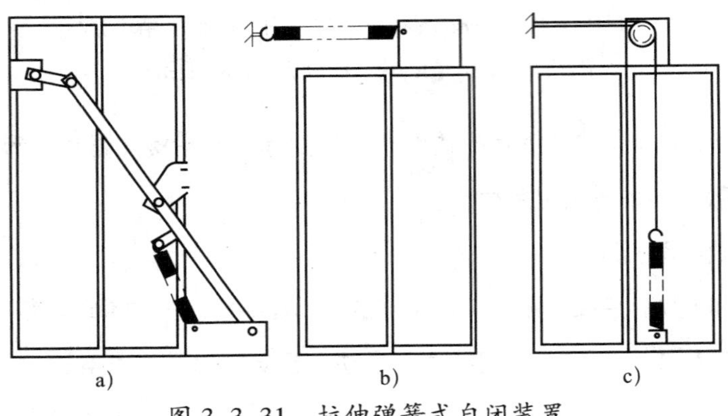

图 3-3-31 拉伸弹簧式自闭装置

2）重锤式

重锤式自闭装置应用较为普遍，其布置方式主要有两种，如图 3-3-32 所示，分别在井道上和门挂板上，通过重力的作用，拉动门挂板和门扇，实现自动关门。

拉伸弹簧式和重锤式自闭装置各有什么特点？有哪些区别？

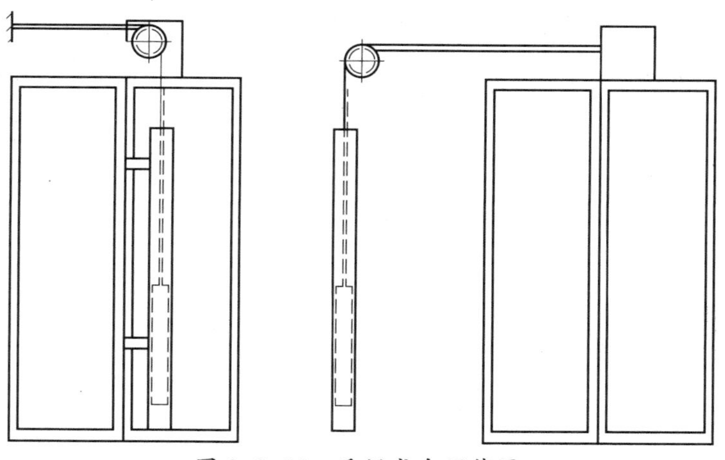

图 3-3-32　重锤式自闭装置

（4）层门工作原理

如图 3-3-33 所示，层门的开关门主要有四种方式：正常开关门、井道内开关门、层站开门和自动关门。在层门开关门过程中，涉及的术语有门锁滚轮、自闭装置、门挂板、轿门门刀、门机、门扇、三角钥匙、钢丝绳、控制器、轿厢手动等，查阅相关资料，将正确的名称补充到图中并分析其工作原理。

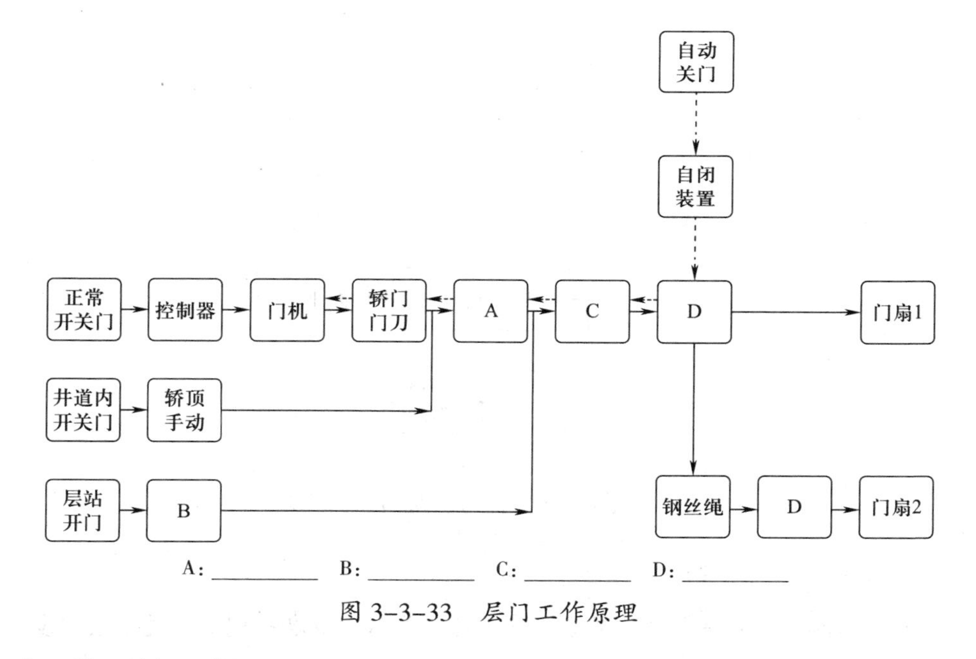

图 3-3-33　层门工作原理

1）正常开关门工作原理

2）井道内开关门工作原理

3）层站开门工作原理

4）自动关门工作原理

（5）电梯轿门、层门联动原理

轿门、层门在开关门过程中，涉及控制器、门锁触点、门刀、层门门锁、门机、轿门门锁、门挂板、门锁滚轮、三角钥匙、层门、轿门等与运动相关的结构或设备，分析其工作原理，将这些零部件填写到图 3–3–34 的横线上。

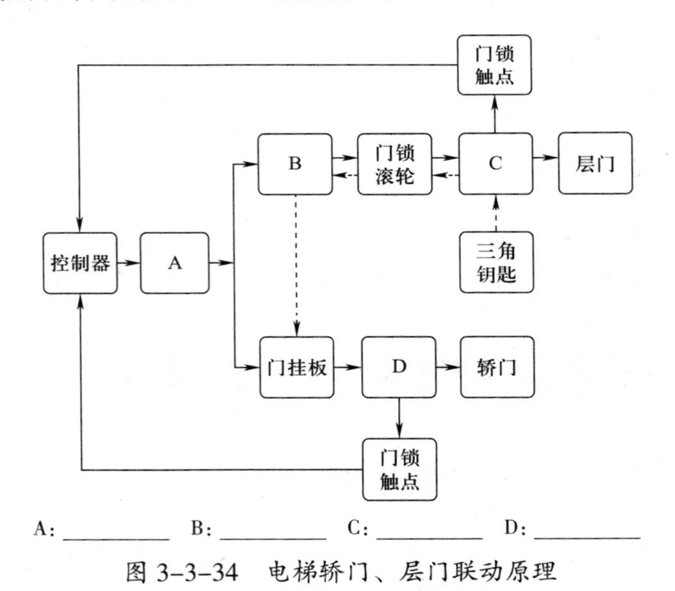

图 3–3–34　电梯轿门、层门联动原理

2．实施层门设备的保养

依据电梯轿厢与层站保养工作的要求，按照相关国家标准和规则，遵循层门设备保养流程要求，通过检查、清洁、润滑，实施层门设备保养（包括门头、门挂轮、层门门锁装置、层门钢丝绳、层门自闭装置、门导靴、门扇、地坎等的保养），完成后进行自检，确保电梯能够正常运行，操作过程应符合安全操作规范和 6S 管理内容的要求，并做好记录。

查阅相关资料，了解层门设备保养的步骤和要求，根据表 3-3-27~ 表 3-3-31 完成操作，并将其中的空白补充完整。

（1）清洁层门（表 3-3-27）

表 3-3-27　清洁层门

图示	实施技术要求	实施记录
	1. 门头清理干净； 2. 用抹布、刷子、吸尘器等进行清洁	清洁门头： □已完成
	1. 门挂板清理干净； 2. 用抹布、刷子、吸尘器等进行清洁	清洁门挂板： □已完成
	1. 门扇清理干净； 2. 用抹布、刷子、吸尘器等进行清洁	清洁门扇： □已完成
	1. 地坎清理干净； 2. 用抹布、刷子、吸尘器等进行清洁	清洁地坎： □已完成
	导轨锈迹已清理	清洁导轨： □已完成
	1. 钩子锁清理干净； 2. 用抹布、刷子、吸尘器等进行清洁	清洁钩子锁： □已完成

续表

图示	实施技术要求	实施记录
	1. 用砂纸打磨触点； 2. 用酒精清洁电气触点； 3. 用刷子清理门锁主触点、门锁辅助触点、外壳； 4. 触点接触良好，接线可靠	清洁电气装置： □已完成

（2）润滑层门（表 3–3–28）

表 3–3–28 润滑层门

图示	实施技术要求	实施记录
	1. 润滑导轨； 2. 导轨表面无锈蚀	润滑导轨： □已完成
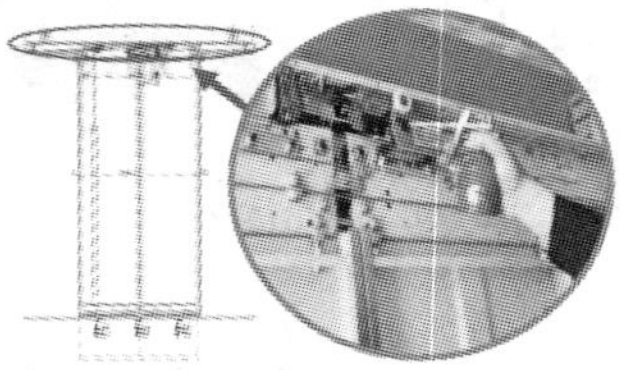	润滑各运动部件	润滑各运动部件： □已完成

（3）检查开关门状态（表 3–3–29）

表 3–3–29 检查开关门状态

步骤描述	实施技术要求	实施记录
1. 检查关门时的各间隙	1. 门关闭后，门扇之间、门扇与门套、门楣和地坎之间的间隙，对于乘客电梯应不大于 6 mm，对于载货电梯应不大于 8 mm。由于磨损，间隙值允许达到 10 mm； 2. 门扇各间隙均匀； 3. 无 A 字门和 V 字门； 4. 层门各连接无松动	1. 测量各门最大间隙： （1）门扇与门套为________ （2）门扇与门扇为________ （3）门扇与门楣为________ （4）门扇与地坎为________ 2. 无 A 字门： □是 □否 3. 无 V 字门： □是 □否 4. 层门各连接无松动： □合格 □不合格 若不合格，进行维修： □已完成

续表

步骤描述	实施技术要求	实施记录
2. 检查开门时的各间隙	1. 门打开后，门扇与门套之间的间隙，对于乘客电梯应不大于 6 mm，对于载货电梯应不大于 8 mm。由于磨损，间隙值允许达到 10 mm； 2. 门扇各间隙均匀度	1. 测量门扇与门套的最大间隙，为________： 2. 间隙均匀度： □正常　□不正常 若不正常，进行维修： □已完成

（4）检查门运行（表 3–3–30）

表 3–3–30　　检查门运行

图示及步骤描述	实施技术要求	实施记录
1. 检查层门运行	1. 层门自闭功能正常； 2. 层门各个部件运行平稳； 3. 自闭装置连接无松动	1. 层门自闭功能： □正常　□不正常 2. 层门运行各部件： □灵活　□有异响　□卡阻 3. 自闭装置连接松动： □合格　□不合格 若不合格，进行维修： □已完成
2. 检查层门钢丝绳	1. 层门钢丝绳表面无生锈、磨损正常； 2. 层门钢丝绳张紧符合要求（对应 1 kg 的力，张紧为 17~20 mm）； 3. 钢丝绳连接处无松动	1. 层门钢丝绳： □正常　□生锈　□磨损 2. 层门钢丝绳张紧： □合格　□不合格 3. 钢丝绳连接松动： □合格　□不合格 若不合格，进行维修： □已完成
3. 检查门挂轮	1. 门挂轮轴承运行正常； 2. 门挂轮连接无松动	1. 门挂轮轴承： □正常　□磨损 2. 门挂轮连接松动： □合格　□不合格 若不合格，进行维修： □已完成
4. 检查门偏心轮	1. 偏心轮间隙≤0.5 mm； 2. 偏心轮连接无松动	1. 检查四个偏心轮的间隙的最大值为：________ 2. 判断偏心轮间隙： □合格　□不合格 3. 偏心轮连接松动： □合格　□不合格 若不合格，进行维修： □已完成

续表

图示及步骤描述	实施技术要求	实施记录
5. 检查门导靴（门滑块）	1. 门导靴（门滑块）磨损符合要求； 2. 门导靴（门滑块）连接无松动	1. 四个门导靴（门滑块）磨损： □合格 □不合格 2. 门导靴（门滑块）连接松动： □合格 □不合格 若不合格，进行维修： □已完成

（5）检查钩子锁（表 3–3–31）

表 3–3–31 检查钩子锁

图示及步骤描述	实施技术要求	实施记录
1~7mm 1. 检查门锁啮合深度	锁紧元件的啮合深度不小于 7 mm	1. 检查锁紧元件的最小啮合深度：________ 2. 判断： □合格 □不合格 若不合格，进行维修： □已完成
2~3mm 2. 检查门锁侧隙	锁紧元件的侧隙 2~3 mm	1. 检查侧隙：________ 2. 判断： □合格 □不合格 若不合格，进行维修： □已完成
3. 检查门锁可靠性	1. 门不会被扒开； 2. 扒开间隙不超过 30 mm； 3. 门锁各连接无松动	1. 门是否会被扒开： □是 □否 2. 门扒开的间隙为：________ 3. 判断： □合格 □不合格 4. 检查门锁各连接是否松动： □合格 □不合格 若不合格，进行维修： □已完成

续表

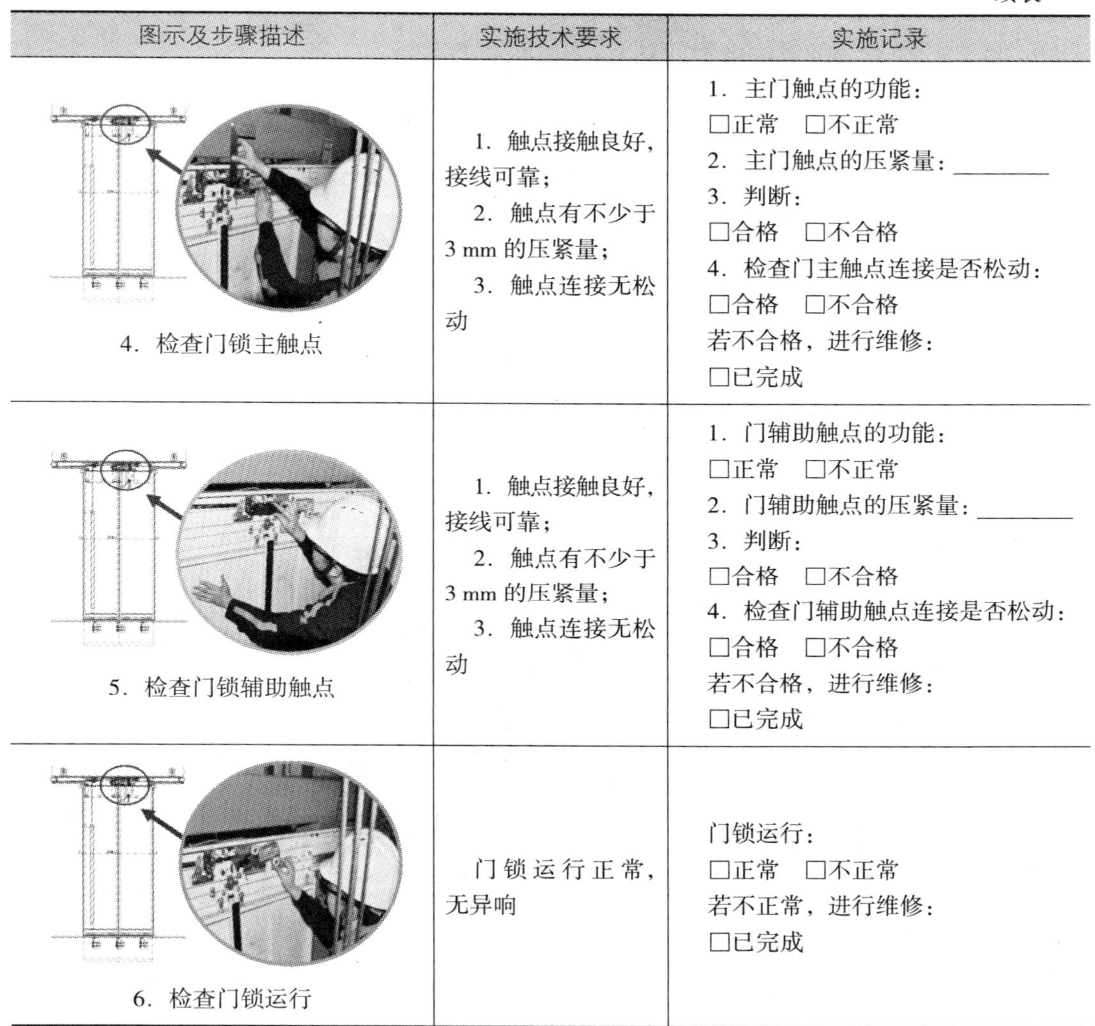

图示及步骤描述	实施技术要求	实施记录
4．检查门锁主触点	1．触点接触良好，接线可靠； 2．触点有不少于 3 mm 的压紧量； 3．触点连接无松动	1．主门触点的功能： □正常　□不正常 2．主门触点的压紧量：________ 3．判断： □合格　□不合格 4．检查门主触点连接是否松动： □合格　□不合格 若不合格，进行维修： □已完成
5．检查门锁辅助触点	1．触点接触良好，接线可靠； 2．触点有不少于 3 mm 的压紧量； 3．触点连接无松动	1．门辅助触点的功能： □正常　□不正常 2．门辅助触点的压紧量：________ 3．判断： □合格　□不合格 4．检查门辅助触点连接是否松动： □合格　□不合格 若不合格，进行维修： □已完成
6．检查门锁运行	门锁运行正常，无异响	门锁运行： □正常　□不正常 若不正常，进行维修： □已完成

六、实施电梯复位

1．复位电梯

依据企业工作流程，按照电梯轿厢与层站保养工作的要求，保养实施结束后，进行电梯试运行 6 次，确认电梯是否正常，试运行正常后，清理现场。

2．填写电梯轿厢与层站保养单

复位电梯后，通过总结，填写电梯轿厢与层站保养单（表 3–3–32），工作人员对保养质量进行检查并签字确认，将电梯保养单提交物业管理人员，管理人员进一步对电梯轿厢与层站保养进行评价、审核，并签字确认，离开工作现场，归还工具、材料、仪器，确认电梯能正常工作并归位物料。

表 3-3-32 电梯轿厢与层站保养单

用户	建设花园	地址	地址	××市××区人民路 10 号	
联系人	王东	电话	1352355××××	电梯型号	TKJ 1000/1.75-JXW
梯号	KT3	保养日期		保养单号	BE2017-JS-KT3-0501
保养人		层站数	15		

电梯维保项目及其记录

序号	维保项目（内容）	要求	记录	备注
1	轿厢照明、风扇、应急照明	工作正常		
2	轿厢检修开关、急停开关	工作正常		
3	轿内报警装置、对讲系统	工作正常		
4	轿内显示、指令按钮	齐全、有效		
5	轿门安全装置（安全触板和光幕、光电等）	功能有效		
6	轿门门锁电气触点	清洁，触点接触良好，接线可靠		
7	轿门运行	开启和关闭工作正常		
8	轿厢平层精度	符合标准		
9	层站召唤、层楼显示	齐全、有效		
10	层门地坎	清洁		
11	层门自动关门装置	正常		
12	层门门锁自动复位	用层门钥匙打开手动开锁装置释放后，层门门锁能自动复位		
13	层门门锁电气触点	清洁，触点接触良好，接线可靠		
14	层门锁紧元件啮合长度	不小于 7 mm		
15	验证轿门关闭的电气安全装置	工作正常		
16	层门、轿门系统中的传动钢丝绳、链条、胶带	按照制造单位要求进行清洁、调整		
17	层门门导靴（门滑块）	磨损量不超过制造单位要求		
18	消防开关	工作正常，功能有效		
19	轿门、层门门扇	门扇各相关间隙符合标准值		
审核意见	□好 □较好 □一般 □差			

保养人签字： 年 月 日	用户签字： 年 月 日

学习活动 4　工作总结与评价

学习目标

1. 能按分组情况，派代表展示工作成果，说明本次任务的完成情况，并做分析总结。

2. 能结合任务完成情况，正确规范地撰写工作总结。

3. 能就本次任务中出现的问题提出改进措施。

4. 能对学习与工作进行反思总结，并能与他人开展良好合作，进行有效沟通。

建议学时　6 学时

学习过程

一、个人、小组评价

以小组为单位，选择演示文稿、展板、海报、视频等形式中的一种或几种，向全班展示、汇报工作成果。在展示的过程中，以小组为单位进行评价；评价完成后，根据其他小组成员对本组展示成果的评价意见进行归纳总结。

汇报设计思路：

其他小组成员的评价意见：

二、教师评价

认真听取教师对本小组展示成果优缺点以及在完成任务过程中出现的亮点和不足的评价意见，并做好记录。

1．教师对本小组展示成果优点的点评。

2．教师对本小组展示成果缺点及改进方法的点评。

3．教师对本小组在整个任务完成过程中出现的亮点和不足的点评。

三、工作过程回顾及总结

1．在团队学习过程中，项目负责人给你分配了哪些工作任务？你是如何完成的？还有哪些需要改进的地方？

2．总结完成任务过程中遇到的问题和困难，列举 2~3 点你认为比较值得和其他同学分享的工作经验。

3．回顾本学习任务的工作过程，对新学专业知识和技能进行归纳和整理，撰写工作总结。

评价与分析

按照客观、公正和公平原则，在教师的指导下按自我评价、小组评价和教师评价三种方式对自己或他人在本学习任务中的表现进行综合评价。综合等级按：A（90 ~ 100）、B（75 ~ 89）、C（60 ~ 74）、D（0 ~ 59）四个级别进行填写。

学习任务综合评价表

考核项目	评价内容	配分（分）	评价分数		
			自我评价	小组评价	教师评价
职业素养	劳动保护用品穿戴完备，仪容仪表符合工作要求	5			
	安全意识、责任意识强	6			
	积极参加教学活动，按时完成各项学习任务	6			
	团队合作意识强，善于与人交流和沟通	6			
	自觉遵守劳动纪律，尊敬师长，团结同学	6			
	爱护公物，节约材料，管理现场符合 6S 标准	6			
专业能力	专业知识扎实，有较强的自学能力	10			
	操作积极，训练刻苦，具有一定的动手能力	15			
	技能操作规范，工作效率高	10			
工作成果	任务完成规范，质量高	20			
	工作总结符合要求	10			
总分		100			
总评	自我评价 ×20%+ 小组评价 ×20%+ 教师评价 ×60%=	综合等级	教师（签字）：		